人工智能开源硬件与 Python编程实践

徐 明◎编 著

重庆大学出版社

内容提要

本书是基于机器视觉、语音识别等典型方法的开源硬件及开源算法,利用 Python 编程工具而设计的创新实践项目。本书注重推动人工智能新技术的工程实践,将人工智能教育与创客教育相结合,课程模块包括颜色形状检测、目标跟踪、边缘检测、轨迹跟踪、人脸检测、人眼检测、瞳孔检测、条码二维码识别、笑脸检测、数字识别、语音识别等实践项目。每个课程模块均从社会需求及生活实际出发设置实践任务,介绍相关的理论知识和应用方法,提供相应算法的 Python 实施案例,引导学生动手实践,掌握经典机器视觉、语音识别技术的应用方法,并能够解决实际问题,培养学生的创新实践能力,可作为高等院校学生创新实践类课程教材。

图书在版编目(CIP)数据

人工智能开源硬件与 Python 编程实践/徐明编著
. --重庆:重庆大学出版社,2020.3(2024.1 重印)
(人工智能丛书)
ISBN 978-7-5689-1995-1

Ⅰ.①人… Ⅱ.①徐… Ⅲ.①人工智能—程序设计
Ⅳ.①TP18

中国版本图书馆 CIP 数据核字(2020)第 008389 号

人工智能开源硬件与 Python 编程实践
RENGONG ZHINENG KAIYUAN YINGJIAN YU PYTHON BIANCHENG SHIJIAN
徐 明 编 著
策划编辑:杨粮菊

责任编辑:杨粮菊 涂 昀 版式设计:杨粮菊
责任校对:万清菊 责任印制:张 策

*

重庆大学出版社出版发行
出版人:陈晓阳
社址:重庆市沙坪坝区大学城西路 21 号
邮编:401331
电话:(023) 88617190 88617185(中小学)
传真:(023) 88617186 88617166
网址:http://www.cqup.com.cn
邮箱:fxk@ cqup.com.cn(营销中心)
全国新华书店经销
POD:重庆市圣立印刷有限公司

*

开本:787mm×1092mm 1/16 印张:14.5 字数:262千
2020 年 3 月第 1 版 2024 年 1 月第 2 次印刷
ISBN 978-7-5689-1995-1 定价:49.80 元

人工智能的迅速发展深刻地改变了人类的社会生活，改变了世界，引起了全世界范围内的重视。2017年7月，国务院印发《新一代人工智能发展规划》，要求抢抓人工智能发展的重大战略机遇，构筑我国人工智能发展的先发优势，加快建设创新型国家和世界科技强国。迄今为止，已经有中国、加拿大、日本、韩国、美国等19个国家和地区先后推出了自己的国家级人工智能战略计划。

美国麻省理工学院斯顿教授认为："人工智能就是研究如何使计算机去做过去只有人才能做的工作。"通俗地说，人工智能就是研究和开发用于模拟、延伸和扩展人类智能的理论、方法、技术及应用的系统。1956年夏季，在美国达特茅斯学院举办了一场研讨会，深入讨论了用机器模拟人类智能的问题。出席会议的几位计算机科学家首次提出了"人工智能"的概念，设想用当时刚刚出现的计算机来构造复杂的、拥有与人类智慧同样本质特性的机器。这次研讨会标志着人工智能学科的诞生。

人工智能的研究领域一直在不断扩大，主要包括专家系统、机器学习、模式识别、计算机视觉、自然语言处理、专家系统等，典型的应用有机器人、机器翻译、智能驾驶、智能家居等。从1997年超级计算机深蓝与卡斯帕罗夫的较量，到可以与人类进行智力比拼的Watson系统，人工智能正在改变着我们的生活。2012年以后，得益于互联网和大数据技术、计算资源和运算力的突飞猛进以及机器学习（深度学习）等新算法的出现，人工智能开始大爆发。于是,出现了 2016 年 AlphaGo 与韩国棋手李世石较量的人工智能的标志性事件。

以卷积神经网络为代表的深度学习方法取得了突破性发展,使得机器可以模仿视听和思考等人类活动,解决了很多复杂的模式识别的难题;使得人工智能技术取得了重大进步,语音识别及语音合成、计算机视觉与目标识别、生物特征识别等典型的人工智能技术开始走进人们的生活。

人工智能成为国际竞争的新焦点和经济发展的新引擎,加快培养人工智能人才是当前的重要工作。国务院印发的《新一代人工智能发展规划》中明确提出:要实施全民智能教育项目,在中小学阶段设置人工智能相关课程,逐步推广编程教育;建立适应智能经济和智能社会需要的终身学习和就业培训体系,支持高等院校、职业学校和社会化培训机构等开展人工智能技能培养。2018 年 1 月,教育部正式颁布《普通高中信息技术课程标准》《普通高中通用技术课程标准》等新课标,设置人工智能初步、开源硬件项目设计、智能家居应用设计等新技术体验与探究课程模块。2018 年 4 月,教育部发布《高等学校人工智能创新行动计划》,推动人工智能基础、机器学习、神经网络、计算机视觉等主干课程建设,结合学生的学习兴趣和社会需求,积极开展新工科实践,支持师生开展 AI 领域创新创业活动,培养 AI 创新创业人才。2019 年 1 月,国务院发布《国家职业教育改革实施方案》,要求"牢固树立新发展理念,服务建设现代化经济体系和实现更高质量更充分就业需要,对接科技发展趋势和市场需求,完善职业教育和培训体系"。同年 4 月,教育部学校规划建设发展中心批准了 15 所高职院校建立人工智能学院。

国家推动人工智能教育的一系列举措出台后,人工智能课程的建设受到了普遍关注,2018 年以来陆续有相关课程推出。然而,国内人工智能的教学实践也遇到了许多现实问题,主要问题有:人工智能教学往往聚焦于相关数学理论以及神经网络、深度学习等算法的学习,而这些理论及算法知识已经超出了很多职业学校甚至工科学生的知识体系和培养要求;课程教学中理论知识占比太高,动手实践非常缺乏,学生实际运用起来难度很大;所选案例或项目多来源于课题研究或产业需求,脱离学生的生活实际;采用的技术相对封闭,或者仅是对现有技术平台进行接口调用,难以进行拓展和创新,等等。

总之,教学内容及形式不利于学生参与,不利于学生学习兴趣的激发与保持,不利于学生实践能力的培养。

面对教学中的实际问题和社会对创新创业人才的迫切需求,教材编著者立足于普及人工智能的经典方法,快速提升学生的应用能力,将 Python 编程教学与人工智能开源硬件相结合,倡导运用理论知识去解决实际问题,从学生兴趣及生活实际选取案例和设置任务,设计创新实践类课程,探索人工智能教育开展的途径和有效方法。2019 年初,完成了试用教材的编写,在深圳大学创业学院开设学分选修课,进行了一个完整学期的试教,学生分组开展人工智能编程实践,涌现出了盲人之眼、驾考帮帮等有创意的学生项目,形成了将人工智能教育与创客教育相结合的教学模式。2019 年秋,根据教学总结及学生实践情况,我们对自编教程进行了修改和完善,突出了基于人工智能开源硬件与 Python 编程来设计项目式技术实践活动的特色。学生通过人工智能典型应用技术的体验及实践,掌握创新活动所需的知识与技能。

考虑职业学校甚至高中学生学习人工智能技术和 Python 编程的需求,教学内容划分为基础与拓展两部分,课程模块的结构包括问题提出、任务与目标、知识准备、编程实践、调试及完善、拓展训练等环节,学时充分、专业基础好的学校可以指导学生操练模型训练、创新实践等拓展部分的内容,职业学校、高中学生可以根据条件开展人工智能开源硬件与 Python 编程等基础部分的实践活动。

课程目标是帮助学生快速掌握计算机视觉、语音识别等人工智能的典型方法,基于集成计算机视觉和语音识别技术于一体的开源硬件及开源算法,可自主操作利用 Python 编程工具设计的创新实践活动。在教学内容上,从社会、生活需求以及学生未来的职业发展出发选取教学内容和案例,包括目标跟踪、图像匹配、二维码识别、人脸检测、图像分类、笑脸表情识别、手写体识别、语音识别等,既包含基础性的图像特征提取与目标检测方法,也包括人脸检测等机器学习方法,还提供了前沿的卷积神经网络等深度学习方法的实践活动,有利于激发学生的兴趣和创意和学生的职业发展。

在教学方式上,推动人工智能新技术的工程实践,将人工智能教育与创客教育相结合,每个课程模块均设置技术实践任务,提供相关理论知识的讲解,提供相应算法的 Python 实施案例,引导学生动手实践,以掌握经典计算机视觉、语音识别技术的应用方法,教师同步提供技术指导,帮助学生解决实际问题,培养学生的创新实践能力。

教材围绕人工智能新技术的工程实践展开,整合了人工智能经典算法、开源硬件、Python 嵌入式编程等多种技术,注重实践实训,采用案例教学、项目式学习等教学方法,可快速提升高校工科学生运用人工智能开源硬件和编程技术开展科技创新活动的能力,以适应人工智能时代的需要。教材也适用于职业学校开设的人工智能创新实践课程,以提高学生对开源硬件及 Python 编程技术的应用能力,适应社会对应用型人才的需要。教材基础部分的内容组织及实践设计参考了普通高中信息技术新课标的相关要求,也可作为中学信息技术人工智能初步等课程模块的教学实践内容,教材中的案例便于学生体验和运用,可以作为面向中学生普及人工智能技术的实践项目。

课程开发及教材编写由深圳市徐明教育科研专家工作室承担,该团队2015 年年初由深圳市教育局批准成立,在创客教育、STEAM 教育以及人工智能教育领域积累了丰富的案例,目前承担着教育部协同育人项目《人工智能教育课程开发及教学评价》等一批课题。我们后续将配套开发数字化学习资源,还将定期组织面向教师和学生的工作坊实践活动,以推动人工智能教育的普及和开展。

在教材的编程过程中,罗伟源根据教学的需要修改和扩展了 Python 库的设计,李明完成了大部分案例代码的调试和完善工作,史大江参与了教学资源的设计及教学实践工作。

由于编者水平有限,加上人工智能工程实践过程中的复杂性,不当之处在所难免,欢迎老师、同学们提出批评和建议,有任何问题请与我们联系:xuming@ szu. edu. cn 编者愿意加强与广大同行的合作,共同推动人工智能技术的普及和应用。

徐 明
2019 年于荔园

目 录

项目 8　计算机视觉与人脸检测

项目 9　人眼检测与瞳孔检测

项目 10　计算机视觉与条码识别系统

项目 15　语音识别技术与 Python 编程

项目 16　语音交互控制智能相机设计综合实践

项目1　计算机视觉与Python编程实践

（1）问题的提出

图1.1　机器人索菲亚能够察言观色

索菲亚（图1.1）是国际上知名的类人机器人，她拥有真人般的皮肤，具有类似人的交流能力。索菲亚脸部皮肤下面设置有很多微电机，能够表现62种以上的面部表情，模拟人类做出微笑等面部动作。2017年10月26日，沙特阿拉伯授予机器人索菲亚公民身份。作为历史上首个获得公民身份的机器人，索菲亚当天在沙特说，它希望用人工智能"帮助人类过上更美好的生活"，人类不用害怕机器人，"你们对我好，我也会对你们好"。

索菲亚通过嵌入的摄像头，借助计算机视觉技术，观察、识别身边人的体态动作、面部表情，并作出相应回应。索菲亚集成了语音识别技术，能识别和理解人类语言，实现人机交互。索菲亚"大脑"中的智能硬件算力强劲，利用深度学习等人工智能算法，能够快速完成信息采集、计算处理和智能控制。因此，在公共场合，机器人索菲亚表现出了令人惊讶的"察言观色、能说会道"等能力，并能够与人类进行眼神接触和交流互动。

人工智能成为国际竞争的新焦点和经济发展的新引擎，世界各国都高度关注具有创新及实践能力的人工智能研究及应用人才的培养。机器人中的人工智能技术分为智能硬件和算法编程两部分，其中计算机视觉、语音交互和Python编程都是当前最热点的技术。学习计算机视觉等人工智能技术，掌握Python编程方法，可以应用在目标跟踪、图像匹配、人脸检测、二维码识别、图像分类、深度学习等创新实践项目中。

①了解计算机视觉的基本原理,了解人工智能开源硬件的技术特性;

②了解嵌入式 Python 程序的基本结构编程方法;

③掌握 OpenAIE IDE 编程工具,完成编写、上传、运行嵌入式 Python 程序;

④了解运用人工智能开源硬件进行人工智能应用系统设计的实践方法。

1)计算机视觉

计算机视觉(Computational Vision)是研究如何使机器"看"的科学,也就是指用摄像机和计算机代替人眼对目标进行识别、跟踪和测量等,并进一步做图形处理,使计算机处理成为更适合人眼观察或传送给仪器检测的图像。

计算机视觉是人工智能技术的重要组成部分,它研究如何使人工智能系统从图像或多维数据中去"感知"。相当于给计算机安装上眼睛(照相机)和大脑(算法),让计算机能够感知环境。计算机视觉就是用各种成像系统代替视觉器官作为输入敏感手段,由计算机来代替大脑完成处理和解释。计算机视觉的最终研究目标就是使计算机能像人那样通过视觉观察和理解世界,具有自主适应环境的能力。

计算机视觉系统一般包括图像获取、预处理、特征提取、检测分割、模式识别、机器学习、深度学习等部分,图1.2是计算机视觉在智能交通中的典型应用,通过车辆检测与跟踪,实现对路口车辆违章判断,或者感知交通道路的拥堵态势。

图 1.2　计算机视觉在智能交通系统中的应用

2）机器视觉

机器视觉主要是指工业领域的计算机视觉研究，例如自主机器人的视觉，用于检测和测量的视觉。这表明在这一领域通过软件硬件，图像感知与控制理论往往与图像处理紧密结合来实现高效的机器人控制或各种实时操作。

机器视觉是重要的人工智能技术，就是用机器代替人眼来做检测、判别和识别。机器视觉系统是通过图像摄取装置将被摄取目标转换成图像信号，传送给专用的图像处理系统，得到被摄目标的特征及形态信息，如亮度、颜色、形状特征等信息，再对这些信号进行各种运算来抽取目标的特征，进而根据判别的结果来控制应用系统设备的工作。

一个典型的机器视觉系统包括：光源，摄像头或专业相机，图像处理单元或控制器，图像处理算法及应用软件，以及显示器、网络通信、输入输出单元等（图 1.3）。

3）人工智能开源硬件

开源硬件指与自由及开放源代码软件相同方式设计的智能硬件。开源硬件延伸着开源软件代码的定义，包括电路原理图、PCB 印制图、材料清单、设计图等都使用开源许可协议，自由使用分享，以开源的方式去授权。开源硬件把开源软件里的 GPL，CC 等协议规范带到硬件分享领域，允许免费使用、修改、衍生和发行，但开源硬件也是具有知识产权的，其版权属于原创者以及后续参与修改者。开源硬件鼓励自由创新，同样需要尊重知识产权，应该在开源协议范围内任意修改原始设计及相应代码和推广应用。

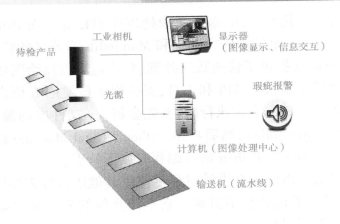

图1.3 生产中应用的机器视觉系统

ARM 处理器具有体积小、低功耗、低成本、高性能的特点,计算机视觉等人工智能开源硬件多以 STM32F427、STM32F765VI 等 ARM 核 MPU 为控制核心。为实现典型的人工智能方法,一般都会集成摄像头处理芯片,可以直接采集和处理图像帧数据。新型的人工智能开源硬件还会集成语音识别、语音合成芯片,可以直接采集和处理语音数据,进行人机语音交互。

集成计算机视觉、听觉功能的人工智能开源硬件可以看作"带机器视觉和听觉功能的 Arduino",具有成本低、功能强、易学习、普及方便等特点。它通过各种串口、I2C 总线、GPIO 等通信方式连接其他硬件模块,甚至是单片机系统,如主流的 Arduino、Raspberry Pi(树莓派)等开源硬件,广泛应用在视觉机器人、智能驾驶、智能家居等创新实践活动中。

4)人工智能时代的 Python 语言

Python 语言诞生之初是专门为非专业程序员设计的,一直具有易学习、易掌握、易推广普及的特点。目前,Python 语言已经成为用户增长最快、最受欢迎的程序设计语言,是人工智能时代首选的编程工具之一。

Python 是完全面向对象的语言,函数、模块、数字、字符串都是对象,并且完全支持继承、重载、派生、多继承等编程方法,有益于增强源代码的复用性。Python 的突出特点是自由、开放源代码软件,从解释器、编程工具到扩展库,使用者可自由地发布这个软件的拷贝、阅读它的源代码、对它做改动并把它的一部分用于新的自由软件中。由于开源,Python 已经被移植在各种系统平台,各种扩展库特别丰富,深受创客运动、创新企业、研究机构的欢迎。很多知名大学已经采用 Python 来讲授程序设计课程,例如卡内基·梅隆大学的编程基础、麻省理工学院的计算机科学及编程导论就使用 Python 语言讲授。众多开源的科学计算软件包都提供了 Python 的调用接口,例如知名的计算机视觉库

OpenCV、三维可视化库 VTK、医学图像处理库 ITK 等。而 Python 专用的科学计算扩展库就更多,如 NumPy、SciPy 和 Matplotlib 等著名的科学计算扩展库,它们分别为 Python 提供了快速数组处理、数值运算以及绘图功能。

Python 提供了丰富的 API 和工具,支持程序员使用 C 语言、C++等语言来编写扩充模块。Python 在执行时,首先会将. py 文件中的源代码编译成 Python 的字节码(byte code),然后再由 Python Virtual Machine 虚拟机来执行已经编译好的 byte code。Python 语言编程有以下特点:

①基本语法。Python 在设计时尽量使用其他语言经常使用的标点符号和英文单词,让代码看起来整洁美观。它不像其他的静态语言如 C、Pascal 那样需要重复书写声明语句。

②缩进。Python 开发者有意让违反了缩进规则的程序不能通过编译,以此来强制程序员养成良好的编程习惯。Python 语言利用缩进表示语句块的开始和退出(Off-side 规则),而非使用花括号或者某种关键字。

③表达式。Python 的表达式写法与 C/C++类似,只是在某些写法有所差别。主要的算术运算符与 C/C++类似。+, -, *, /, //, **, ~,% 分别表示加法或者取正,减法或者取负,乘法,除法,整除,乘方,取补,取余。>>,<<表示右移和左移。&,|,^表示二进制的 and, or, xor 运算。>, <, ==, !=, <=, >=用于比较两个表达式的值,分别表示大于、小于、等于、不等于、小于等于、大于等于。在这些运算符里面,~,|,^,&, <<, >>必须应用于整数。

Python 使用 and, or, not 表示逻辑运算。is, is not 用于比较两个变量是否是同一个对象。in, not in 用于判断一个对象是否属于另外一个对象。

④运行速度。Python 的底层是用 C 语言写的,很多标准库和第三方库也都是用 C 语言写的,运行速度非常快。

⑤简单易学,容易上手,说明文档很多。

5)嵌入式 Python 编程基础

嵌入式 Python 程序与 PC 上运行的 Python 程序结构基本一致,只是需要导入硬件内固化程序库,功能设计时经常会访问硬件板上的端口资源。嵌入式 Python 程序的基本结构包含如下部分:

①注释说明行。单行注释以#起头,#右边的所有文本都被当作说明文字,而不是真正要执行的程序,只起到辅助说明作用。为了保证代码的可读性,注释和代码之间一般留有两个空格。

如果需要编写的注释信息很长,一行无法显示,就可以使用多行注释。

在 Python 程序中使用多行注释,是用一对连续的 3 个引号(单引号和双引号都可以)来表示。

②模块导入。Python 是一门开源语言,共享资源很多。使用 Python 进行编程时,往往会借助 Python 现有的标准库或者他人提供的第三方库。将这些公共模块导入当前程序后,就可以直接使用它们。Python 使用 import 语句导入外部模块。导入的语法主要有以下两种:

import 模块名 as 别名

会导入指定模块中的所有成员(包括变量、函数、类等)。当需要使用模块中的成员时,需用该模块名(或别名)作为前缀,否则 Python 解释器会报错。

from 模块名 import 成员名 as 别名

用来导入指定的成员。例如,from sys import argv 用于导入 sys 模块的 argv 成员,后续程序使用导入成员时,直接使用成员名访问。

③全局变量定义。在 Python 中,每个变量在使用前都必须赋值,变量赋值以后该变量才会被创建。Python 的语法比较自由,等号 = 是赋值运算符,可以把任意数据类型赋值给变量,同一个变量可以反复赋值,而且可以是不同类型的变量。

④类定义。类(Class)是面向对象程序设计实现信息封装的基础。类的内部封装了属性和方法,每个类包含数据说明和一组操作数据或传递消息的函数。在 Python 语言中,定义类的方法如下:

```python
#类的定义
class Photo:          #类名使用驼峰命名风格,即首字母大写,私有类可用一
                       个下画线开头
    __name = " "                    #私有实例变量(__name)前有 2 个下画线;
    def __init__(self, name):
        self.__name = name
    def getname(self):          #函数名一律小写;
        return self.__name
```

类的实例称为对象。类是对某种对象的定义,它描述一个对象能够做什么以及做的方法,它们是可以对这个对象进行操作的程序和过程。Python 语言中,创建对象的方法如下:

```python
#对象的创建
if __name__ == "__main__":
    photo = Photo("alice")          #对象 photo,命名要小写;
    print(photo.getName())
```

⑤函数定义。函数是指一段在一起的、实现某一功能的程序段,也就是一段实现特定功能的代码,加以命名,以后可以通过该名字来调用。使用函数可大大提高代码的重复利用率。在 Python 中,定义一个函数要使用 def 语句,依次写出函数名、括号、括号中的参数和冒号,然后,在缩进块中编写函数体,函数的返回值用 return 语句返回。

例如,编写一个计算 X^2 的函数:

```
def power(x):
    return x * x
```

对于 power(x)函数,定义了一个形参 x。当后续调用 power 函数时,必须传入有且仅有的一个参数 x。例如,power(15),函数会返回值 225。

那么,要计算 X^n 怎么办? 比较有效率的方法是设计一个有 2 个输入参数的函数,可以把上例中的 power(x)函数修改为 power(x,n),用来计算 X^n,代码如下:

```
def power(x,n):
    s = 1
    while n > 0:
        n = n - 1
        s = s * x
    return s
```

利用这个修改后的 power(x,n)函数,可以计算任何数的任意 n 次方。例如,输入 power(5,3),函数会返回值 125。

这个修改后的 power(x,n)函数有 2 个参数:x 和 n,调用此函数时,传入的两个参数值按照位置顺序依次赋给参数 x 和 n。

⑥初始化硬件设置。嵌入式 Python 程序必然要跟硬件打交道,涉及对硬件资源的读取、写入和查询,编程时需要考虑如何设置硬件资源工作的初始值,以及如何使硬件处于稳定工作状态。

⑦主程序。Python 程序由顺序结构语句、条件、循环语句构成。许多高级编程语言(如 C、Java)使用括号{}来标记代码块,Python 通过缩进来实现。

6)嵌入式 Python 程序结构

Python 程序在一般情况下是按顺序执行的,但是也会经常需要根据条件进行转移,或者重复执行的情况。

①条件语句。Python 程序中,if 语句的完整形式是:

if <判断条件 1>:

＜执行1＞elif ＜判断条件2＞：

＜执行2＞elif ＜判断条件3＞：

＜执行3＞else：

＜执行4＞

Python 程序语言指定任何非 0 和非空（null）值为 true，0 或者 null 为 false。if 语句中"判断条件"成立时（非零），则执行后面的语句，而执行内容可以多行，以缩进来区分表示同一范围。else 为可选语句，当需要在条件不成立时执行内容则可以执行相关语句。例如：

age = 20

if age >= 18：

　　print('adult') elif age >= 6：

　　print('teenager') else：

　　print('kid')

由于 python 不支持 switch 语句，所以多个条件的判断，只能用 elif 来实现，如果需要多个条件同时判断，可以使用 or（或）、and（与）等逻辑组合。

②for 循环语句。Python 的循环有两种，即 for 循环语句和 while 循环语句。

Python 的第一种循环语句是 for...in 循环，依次把 list 或 tuple 中的每个元素迭代出来，重复执行循环体语句。例如：

names = ['Michael','Bob','Tracy']

for name in names：

　　print(name)

执行这段代码，会依次打印 names 的每一个元素：

Michael

Bob

Tracy

所以 for x in ...循环就是把每个元素代入变量 x，然后执行缩进块的语句。如果要计算 1～100 的整数之和，从 1 写到 100 有点困难，幸好 Python 提供了一个 range()函数，可以生成一个整数序列，再通过 list()函数可以转换为 list。例如，range(5)生成的序列是从 0 开始小于 5 的整数，list(range(5))显示输出为[0,1,2,3,4]。range(101)就可以生成 0～100 的整数序列，计算 0～100 各个数之和的 Python 程序如下：

sum = 0

for x in range(101)：

```
        sum = sum + x
  print(sum)
```

③while 循环语句。Python 的第二种循环语句是 while 循环,在给定的判断条件为 true 时执行循环体,否则退出循环体。比如要计算 100 以内所有奇数之和,可以用 while 循环实现:

```
  sum = 0
  n = 99
  while n > 0:
        sum = sum + n
        n = n - 2
  print(sum)
```

需要注意的是,与 C 语言不同,Python 中也没有 do…while 循环语句,程序设计时需要适应。

(4) 设计与实践

1) 人工智能开源硬件 OpenAIE 及 Python 编程库

图 1.4   人工智能开源硬件 OpenAIE 及摄像头、拾音器套件

OpenAIE 是集成了计算机视觉、语音识别、网络通信等技术的人工智能开源硬件(图 1.4),采用 ARM 核 MPU,工作频率 480 MHz,RAM 存储 1 M,Flash 存储 2 M,含图形加速、图像编码、图像处理、语音识别、UART 通信等功能。视觉部分集成有 30 W 像素的摄像头 0V72225,支持 RGB565、QVGA、灰度、Bayer 等格式的视频流输出。语音部分集成有语音采集、语音处理模块,支持

ASR 大词汇非特定人连续语音识别;提供 UART 通信接口,接口规范为 HY2.0。

OpenAIE 开源硬件工作电压为 3.7~5 V,可以通过锂电池直接供电,方便应用。控制板上带 USB Turbo-C 接口与计算机相连,正常工作后,会在计算机上虚拟出一个 COM 端口和一个"U 盘",用来与计算机连接和交换文件。控制板上还包含一个 I2C 总线、CAN 总线和一个异步串口总线,实现与其他传感器或控制模块进行通信。

OpenAIE 板上固化了支持计算机视觉、语音识别算法的 Python 库,还集成了深度学习 Caffe 开源学习框架的 CNN 神经网络模块,可实现颜色识别、形状识别、图像匹配、图像分类、目标跟踪、人脸检测、手写数字识别等计算机视觉算法。OpenAIE 还固化了板上硬件资源 Python 库,提供板上按键、LED、UART 通信等电子模块的 Python 调用接口。板上固化的计算机视觉 Python 库、语音识别 Python 库、Caffe 深度学习神经网络库,都有面向学习者的开发调用接口和丰富的案例文档。

板上固化的计算机视觉算法包括寻找色块、形状检测、目标跟踪、角点检测、图像匹配、人脸检测、眼睛跟踪、条码识别、二维码识别、图像分类、笑脸检测、手写数字识别等,板上固化的语音识别算法包括工作场景设置、语音命令词识别等,提供 Python 编程接口供开发者们调用。

由于开放源代码,开发者可以自己改进和增加人工智能算法,上传用 Python 语言编写的智能算法作为扩展库。开发者可以充分利用 MPU 基本的 I/O 端口,如 12-bit ADC 及 12-bit DAC、中断和 PWM 等资源设计自己的个性化开源硬件。

2)OpenAIE IDE 的使用

OpenAIE IDE 是支持人工智能开源硬件 OpenAIE 的编程工具,集成了视频显示等辅助工具,可以编写、调试 Python 语言代码,实现颜色追踪、形状检测、目标跟踪、边缘检测、角点检测、轨迹跟踪、条码识别、二维码识别、人脸检测、人眼检测与瞳孔检测、笑脸检测、数字识别、语音识别等功能,从而快速设计视觉机器人、智能小车、智能家居等应用系统。

OpenAIE IDE 包括 Python 编辑、程序上传、视频显示、图像帧参数、运行结果显示等工作区域。OpenAIE IDE 工作界面如图 1.5 所示,最左边是常用的文件管理操作工具栏,中间是代码编写区及程序运行信息显示区,右上角为计算机视觉摄像头捕捉的视频图像显示区,右下角为图像的三色 RGB 直方图,上方的菜单栏里提供一些特征提取、阈值处理等图像信息操作工具。

①代码编辑区域。输入编辑计算机视觉项目的 Python 代码,具备大多数编程工具的功能,如代码高亮、自动补全等。

②视频显示区。实时显示摄像头捕捉的视频帧图像,选中目标区域,可另存为图像文件,也可以保存截图,非常方便。

③代码上传与执行。点击左下角的串口连接按钮(Serial Terminal),建立 IDE 与计算机视觉开源硬件的连接。点击左下角的代码执行按钮,IDE 将编写好的 Python 代码传输给人工智能开源硬件,并在人工智能开源硬件中解析运行。由于 Python 是脚本语言,IDE 并不负责编译,STM32 芯片上固化了 Python 解释器。

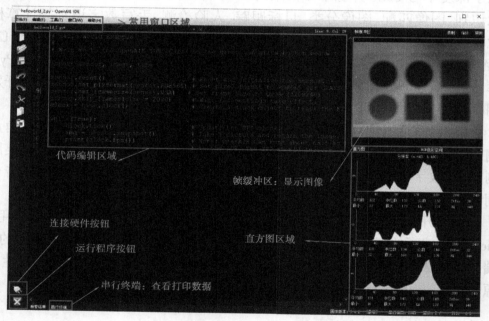

图 1.5　OpenAIE IDE 工作界面

3）编写第一个嵌入式 Python 程序

为简便起见,本教材在后续描述中,将人工智能开源硬件 OpenAIE 简称为 AIE 控制板,将 OpenAIE IDE 编程工具简称为 IDE 工具。

由于 AIE 控制板上没有显示屏,编写第一个嵌入式 Python 程序,可以点亮控制板上的 LED 灯。

AIE 控制板固化的 openaie 库中提供 LED 控制类,包含有点亮 red、green、blue 三种颜色的控制方法。通过 on 方法进行点亮,通过 off 方法进行熄灭。点亮红灯的参考例程如下:

```
from openaie import led        #从 AIE 控制板固化的 openaie 库中导入 led 模块;
```

```
led. red. off( )          #先关闭红灯;
while(True):
    led. red. on( )   #红灯亮;
```

在图 1.5 所示的 IDE 工具中输入以上简单的 4 行程序,写入 AIE 控制板中,就会发现 LED 红灯亮了。可以进一步扩展程序,让 LED 灯亮成蓝色或绿色;也可以利用延时,让 LED 灯闪烁起来。参考例程如下:

```
from openaie import led      #从 AIE 控制板固化的 openaie 库中导入 led 模块;
import time
while(True):
    led. green. on( )          #开启绿灯
    time. sleep(150)           #延时 150 ms
    led. green. off( )          #关闭绿灯
    time. sleep(150)           #延时 150 ms
```

4) 进一步实用化编程

经过以上阶段的 Python 程序设计,可以利用 AIE 控制板上 LED 灯,编写一个有实际用处的 LED 灯光控制程序。控制板上固化有 pyb、time、led 等编程库,提供了 LED、USB 等对象管理,用来控制板上 LED 灯的工作。LED 对象有 on 和 off 两种方法,分别控制 LED 的点亮和熄灭,可以根据 USB 设备的连接状况设置 LED 发光颜色的改变。完整的示例代码如下:

```
from openaie import led #从 AIE 控制板固化的 openaie 库中导入 led 模板;
import time,pyb
#将蓝色赋值给变量 led
led = pyb. LED(3)        # Red LED = 1,Green LED = 2,Blue LED = 3
usb = pyb. USB_VCP( ) #USB 转串口对象
#如果 AIE 控制板未连接到计算机,红灯亮 150 ms,延时 100 ms,亮 150
ms,延时 600 ms,循环。
    while(not usb. isconnected( )):   #检查 OpenAIE 与计算机的连接情况;
        led. red. on( )                   #亮红灯
        time. sleep(150)                 #延时 150 ms
        led. red. off( )                   #熄灭红灯
        time. sleep(100)                 #延时 100 ms
        led. red. on( )
```

```
time. sleep(150)
    led. red. off()
    time. sleep(600)
#如果 AIE 控制板已连接到计算机,开启绿灯进行指示
while(usb. isconnected()):
    led. green. on()
    time. sleep(150)
    led. green. off()
    time. sleep(100)
    led. green. on()
    time. sleep(150)
    led. green. off()
    time. sleep(600)
```

(5) 调试、验证及完善

完成以上 Python 程序的编写后,点击 IDE 工具左下角的连接(Connect)按钮,上传 Python 程序到 AIE 控制板,在运行过程中完成对代码的调试。如果提示 AIE 控制板没发现,则要检查 AIE 控制板是否与计算机建立好了连接,数据连接线是否松动。传输成功后,点击左下角的运行(Run)按钮即可运行程序,如果代码中有语法错误,运行过程中会逐一提示出来。借助 Python编程文档,逐一修改程序,消除语法错误。通过查阅 IDE 工具的使用手册,进一步熟悉 IDE 工具的操作方法。调试程序过程中,可以参考以下经验对遇到的问题进行改进:

①嵌入式 Python 程序中,引用板上固化的 Python 对象,一定要先导入,再使用,否则会导致语法错误。

②如果 AIE 控制板上 LED 灯没有正确点亮和熄灭,则要检查程序,修改程序,重新进行系统检测、调试及性能优化过程。

③如果 AIE 控制板上 LED 灯没有按照设定的时间间隔进行闪烁,则要仔细检查延时的设置是否合理。

④LED 灯控制程序调试运行完毕后,要利用 IDE 工具里的文件操作功能,将编写好的 Python 程序保存到计算机上,养成及时保存编程成果的好习

惯。否则,IDE 工具退出后,所编写的程序段就不会保留。

研讨与思考

①通过本次编程实践,思考与总结 Python 程序在变量定义、基本语法以及程序结构上的特点。你喜欢这种编程风格吗? 与项目组的伙伴们交流一下。

②结合本次编程实践,以 While 程序结构为例,重点体会 Python 的缩进规则,进一步了解和体验 Python 语言中 if、for 和函数定义等程序模块的结构设计。如果不遵守缩进规则,即以上结构体中间的程序代码行不向右缩进,会是什么结果? 请尝试验证一下。

③对于有其他语言编程经历的同学,请比较一下这两种语言在语法和结构上的不同。比如以 C 语言为例,C 程序模块的界限是用一对花括号{}来确定边界的,即由首字符开头、由尾字符结尾,编写代码时要严格遵守。Python 程序则由缩进规则来界定模块结构。请进一步体会 Python 的编程风格。

④本书所有项目编写的程序都是运行在智能硬件上,属于嵌入式编程。请从硬件的工作频率、内存、外存、输入输出接口、摄像头等附件的性能、编程库的调用等方面分析,嵌入式 Python 与运行在计算机上的 Python 程序在编程方法上有哪些异同?

项目2

视频捕捉与处理 Python编程

（1）问题的提出

以往春运期间，火车站进站口总是人满为患，给旅客和管理人员带来了很大的不便。究其原因，检票人员单靠人工检票很难检验出旅客是否"人、证、票"相统一，影响了工作效率，造成进站速度变得非常缓慢。2017 年 1 月，北京西站开通了人脸识别验票系统，也就是"刷脸"进站，开启了铁路检票服务新时代。"刷脸"进站速度很快，3 ~6 s 便能成功通行，解放了人力，也方便了旅客。这种新的检票进站方式被迅速推广到全国，如图2.1 所示。

"刷脸"进站采用了人脸识别技术，这是基于人的脸部特征信息进行身份识别的人工智能技术。它需要利用摄像机或摄像头采集含有人脸的图像或视频流，并自动在图像帧中检测和跟踪人脸，进而对检测到的人脸进行特征识别。刷脸进站时，自动检票闸机上都安装了摄像头，旅客走近机器时，它会抓取旅客脸部信息，与身份证芯片里的照片进行比对，票证信息相符以及人脸与证件照比对通过，闸机就会自动放行。

图 2.1　基于视频捕捉的刷脸检票系统

（2）任务与目标

①了解视频与图像的基本原理、相关技术和应用框架；
②掌握运用人工智能开源硬件进行摄像头工作控制的方法，掌握 Python

语言的编程方法；

③应用人工智能开源硬件和 Python 相关算法模块设计视频采集与捕捉功能；

④针对生活应用场景，进一步开展创意设计，设计具有实用价值的视频采集与捕捉应用系统。

（3）知识准备

1）视频与图像

视频由一组连续变化的图像组成，其中每幅图像就是视频帧。当连续的图像变化每秒超过 24 帧画面时，根据视觉暂留原理，人眼无法辨别单幅的静态画面，看上去是平滑连续的视觉效果，这样连续的画面就形成视频。

视频中，每一帧都是静止的图像，快速连续地显示帧便形成了活动的影像。高的帧率可以得到更流畅、更逼真的动画。每秒帧数（FPS）越多，所显示的画面或动作就会越流畅。

2）摄像头

摄像头是一种视频输入设备。摄像头模块一般具有视频摄像、传输和静态图像捕捉等基本功能，它是借由镜头采集图像后，由摄像头内的感光组件电路及控制组件对图像进行处理并转换成计算机所能识别的数字信号，然后借由并行端口或 USB 连接输入计算机后再做进一步处理。数字摄像头可以将视频采集设备产生的模拟视频信号直接转换成数字信号，进而将其储存在计算机里。模拟摄像头捕捉到的视频信号必须经过特定的视频捕捉卡将模拟信号转换成数字模式，并加以压缩后才可以传输到计算机上运用。也就是说，数字摄像头可以直接捕捉图像，然后通过串、并口或者 USB 接口传输到计算机里。

摄像头的工作原理大致为：景物通过镜头生成的光学图像投射到图像传感器表面上，然后转为电信号，经过 A/D（模数转换）转换后变为数字图像信号，送到数字信号处理芯片中压缩编码等加工处理，再通过 USB 等接口传输到计算机中，通过显示器就可以显示图像。

在利用摄像头采集视频数据的过程中，镜头的焦距设置特别重要。图像是通过镜头的光学折射,照到感光元件上的。镜头的设置决定了整个画面的大小和远近,甚至清晰和模糊。镜头焦距是镜头最重要的参数,它是指镜头光学后主点到焦点的距离,是镜头的重要性能指标。镜头焦距的长短决定着拍摄的成像大小、视场角大小、景深大小和画面的透视强弱(图2.2)。当对同一个被摄目标拍摄时,镜头焦距长的所成的像大,镜头焦距短的所成的像小。

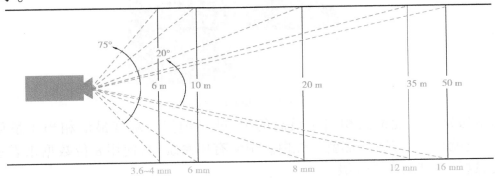

图2.2　摄像头的焦距设置

3)分辨率

分辨率是用于度量位图图像内数据量多少的一个参数,通常表示成 dpi(dot per inch,每英寸点)。简单地说,摄像头的分辨率是指摄像头解析图像的能力,即摄像头的影像传感器的像素数。最高分辨率就是指摄像头最高能分辨图像能力的大小,即摄像头的最高像素数。现在市面上较多的 30 万像素 CMOS 的分辨率为 640×480,50 万像素 CMOS 的分辨率为 800×600,如图2.3所示。分辨率的两个数字表示的是图片在长和宽上占的点数的单位,一张数码图片的长宽比通常是 4:3。

在实际应用中,如果将摄像头用于网络聊天或者视频会议,那么分辨率越高则需要的网络带宽就越大。在嵌入式应用中,图像帧的分辨率设置越高,则需要消耗更多的芯片内存资源,这是实际工作中需要注意的。

4)灰度图像

灰度图像是每个像素只有一个采样颜色的图像,这类图像通常显示为从最暗黑色到最亮的白色的灰度。灰度图像与黑白图像不同,在计算机图像领域中黑白图像只有黑白两种颜色,灰度图像在黑色与白色之间还有许多级的颜色深度。

①灰度级。图像灰度级指图像中的色度分量亮度的最大值与最小值之

图 2.3   图像像素与分辨率

差的级别。灰度最高相当于最高的黑,就是纯黑。灰度最低相当于最低的黑,也就是"没有黑",那就是纯白。很多有用系统中,使用 8 位数据来表示灰度,这样灰度共有 256 级。

②RGB 图像转灰度图像。使用不同的经验公式,会得到不同的灰度图像,人们常使用如下符合人们视觉心理的公式:

$$Gray = 0.299 \times R + 0.587 \times G + 0.114 \times B \tag{2.1}$$

根据这个公式,依次读取每个像素点的 R,G,B 值,进行计算灰度值(转换为整型数),将灰度值赋值给新图像的相应位置,所有像素点遍历一遍后完成转换。可供参考的 Python 代码如下:

```
import numpy as np
def rgb2gray(rgb):
    r,g,b = rgb[:,:,0],rgb[:,:,1],rgb[:,:,2]
    gray = 0.2989 * r + 0.5870 * g + 0.1140 * b
    return gray
```

5) Bayer 格式图像

对于彩色图像,需要采集 RGB 3 种颜色,最简单的方法就是用滤镜的方法:红色的滤镜透过红色光,绿色的滤镜透过绿色光,蓝色的滤镜透过蓝色光。如果要采集 RGB 3 种基本色,则需要 3 块滤镜,这在工程上很困难。当用 Bayer 格式的时候,可在一块滤镜上设置不同的颜色。通过分析人眼对颜色的感知发现,人眼对绿色比较敏感,所以一般 Bayer 格式的图片绿色格式的像素是 r 和 g 像素的和。如图 2.4 所示为 Bayer 色彩滤波阵列,由一半的 G,1/4 的 R 和 1/4 的 B 组成。

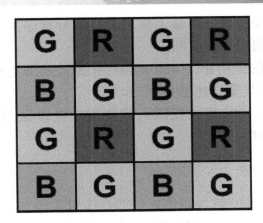

图2.4　Bayer 色彩滤镜

根据人眼对彩色的响应带宽不高且大面积着色特点,每个像素没有必要同时输出3种颜色。使用 Bayer 格式数据采样时:

奇数扫描行的第 $1,2,3,4,\cdots$ 像素分别采样和输出 $R,G,R,G,\cdots$ 数据;

偶数扫描行的第 $1,2,3,4,\cdots$ 像素分别采样和输出 $G,B,G,B,\cdots$ 数据。

Bayer 格式是摄像机内部的原始图像格式,一般后缀名为 .raw。摄像机拍摄下来存储在存储卡上的 .jpeg 或其他格式的图片,都是从 .raw 格式转化过来的。

6) 常见的图像存储格式

彩色图像由 RGB 3 个分量组成。众所周知,Bitmap 图像格式由三个颜色通道组成,每个通道用 8 位数据来表示,各有 256 个可能的值。所以,Bitmap 图像又称为 24 位真彩色图像,也被称为 RGB888 格式。

RGB565 彩色模式,一个像素占两个字节,即 16 位。其中:第一个字节的前 5 位用来表示 R(Red),第一个字节的后三位连同第二个字节的前三位用来表示 G(Green),第二个字节的后 5 位用来表示 B(Blue)。如图 2.5 所示,一个像素的 16 位颜色信息中,高 5 位为 R 分量,中间 6 位为 G 分量,低 5 位为 B 分量。

高字节　　　　　　　　　　　　　　　　　　　　　　低字节

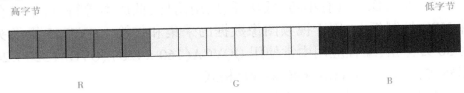

R　　　　　　　　　　G　　　　　　　　　　B

图2.5　RGB565 使用的 16 位字节存储

QVGA 即"Quarter VGA",顾名思义就是 VGA 格式(分辨率为 640×480)

的 1/4 尺寸,也就是在液晶屏幕上输出显示的分辨率是 240×320。QVGA 格式图像具备 8 ms 快速响应时间。

　　HQVGA 格式的分辨率为 400×240,从视觉效果上来说,分辨率为 HQV-GA 要更好一些,而且宽高比更接近 16:9。

　　QQVGA(160×120)格式在嵌入式应用中也常见,它的尺寸是 QVGA 的 1/4,即分辨率为 160×120。

7）色温与白平衡

　　色温是表示光线中包含颜色成分的一个计量单位。从理论上讲,色温是指绝对黑体从绝对零度(-273 ℃)开始加温后所呈现的颜色。黑体在受热后,逐渐由黑变红,转黄,发白,最后发出蓝色光。当加热到一定的温度时,黑体发出的光所含的光谱成分,就称为这一温度下的色温。

　　色温越高,光色越偏蓝,色温越低,光色越偏红。某一种色光比其他色光的色温高时,说明该色光比其他色光偏蓝,反之则偏红。同样,当一种色光比其他色光偏蓝时说明该色光的色温偏高,反之偏低。

　　白平衡的基本概念是"不管在任何光源下,都能将白色物体还原为白色",对在特定光源下拍摄时出现的偏色现象,通过加强对应的补色来进行补偿。摄像机的白平衡设定可以校准色温的偏差。所谓白平衡调节,是通过对白色被摄物的颜色还原(产生纯白的色彩效果),进而达到其他物体色彩准确还原的一种数字图像色彩处理的计算方法。

（4）设计与实践

1）OV7725 摄像头编程基础

　　OV7725 摄像头具有小巧、低功耗、应用简便、低成本等特点,集成在开源硬件 MPU 控制板上,用于视频图像数据的采集和传输。OV7725 摄像头分辨率为 30 万像素,编程应用中常使用 QQVGA(160×120)、QVGA(320×240)分辨率格式,最大支持 VGA(640×480)格式。

　　在开源硬件控制板上集成的 OV7725 摄像头处理芯片可以直接采集图像帧数据。OV7725 感光元件在 80 FPS 帧率下可以处理 640×480 8bit 的灰度图或者 320×240 16bit 的 RGB565 彩色图像,当分辨率低于 320×240 时可以达到120FPS的速率。

　　大多数应用中,通过程序语句将计算机视觉算法设置在30 FPS以下运行。通过Python语言编程,很容易控制OV7725摄像头的工作,获取视频图像帧,进而调用计算机视觉算法进行处理,实现人工智能的应用。

　　实际应用中,非专业级摄像头会遇到镜头畸变的问题。根据近大远小的光学原理,在感光芯片的边缘位置会出现桶形畸变,也就是成像中的鱼眼效果。要解决这类问题,可以使用计算机算法来矫正畸变。在OpenAIE开源算法库中,image对象提供了lens_corr(1.8)的方法,可以用来矫正2.8 mm焦距镜头产生的边缘畸变。

2)摄像头参数设置及控制

　　在计算机视觉库中,提供Python语言编写的Sensor对象,用于设置摄像头的工作参数,如像素、分辨率、帧率等。

　　①像素和分辨率。感光元件是由很多个感光点构成的。比如有640×480个点,每个点就是一个像素,把每个点的像素集成起来,形成一幅图像,这副图像的分辨率就是640×480。

　　②帧率。帧率(FPS)就是每秒处理图片帧的数量,如果超过20帧,人眼就基本分辨不出卡顿。OV7725摄像头支持的最大帧率为60 FPS。虽然更高的帧率有助于连续目标的跟踪,但是会消耗更多的计算资源。在AIE控制板的实际应用中,将帧率设置为30 FPS比较合适。

　　③编程设置摄像头工作参数。编程设置摄像头工作参数的应用实例及说明如下:

```
import sensor                              #引入摄像头控制模块
# 设置摄像头工作参数
sensor.reset()                            #初始化摄像头;
sensor.set_pixformat(sensor.RGB565)       #设置为彩色;
sensor.set_framesize(sensor.QVGA)         #设置图像的大小;
sensor.skip_frames()                      #在更改设置后,跳过若干帧,等待
                                          感光元件的稳定;

# 设置彩色/黑白
sensor.set_pixformat()                    #设置像素模式;
sensor.GRAYSCALE                          #灰度,每个像素8bit。
sensor.RGB565                             #彩色,每个像素16bit。
# 自动增益/白平衡
```

```
sensor. set_auto_gain( )              #自动增益开启或者关闭。
sensor. set_auto_whitebal( )          #自动白平衡开启或者关闭。
```

3) 编程控制摄像头的工作状态

摄像头参数设置完成后,就可以编程控制摄像头的工作,如视频拍摄、获取图像帧、延时、跳过若干帧等,编程方法如下:

```
# 初始化
sensor. reset( )    #初始化摄像头;
# 持续拍照
while( True) :
    img = sensor. snapshot( )    #拍摄一张照片,其中 img 为一个 image
                                    对象实例;
# 跳过一些帧
sensor. skip_frames( n = 10)         #在更改设置后,跳过若干帧,等待感光
                                        元件的稳定;
# 获取一张图像
sensor. snapshot( )    #拍摄一张照片,返回一个 image 对象。
```

4) 视频捕捉 Python 编程

集成以上各阶段的程序设计过程,可以编写实用化的摄像并保存图像帧 Python 程序,模拟出相机的功能。程序运行情况如图 2.6 所示,右上区域显示出了摄像头捕捉到的视频图像,通过按下板上按键,保存图像文件到板上 Flash 存储中。图 2.7 显示的是保存成 JPG 格式的图像文件。

```
import sensor,image,time
from pyb import Pin
from openaie import *

sensor. reset( )
sensor. set_pixformat( sensor. RGB565)
sensor. set_framesize( sensor. QVGA)
sensor. skip_frames( time = 2000)
clock = time. clock( )

while( True) :
    clock. tick( )
```

img ＝ sensor. snapshot( )

if button. is_pressed( )：# 检测到按键按下

      time. sleep(10) # 延时消抖

      if button. is_pressed( )：

            img. save(＂example. jpg＂)   #保存图片，重置 AIE 进
行查看

print(clock. fps( ))

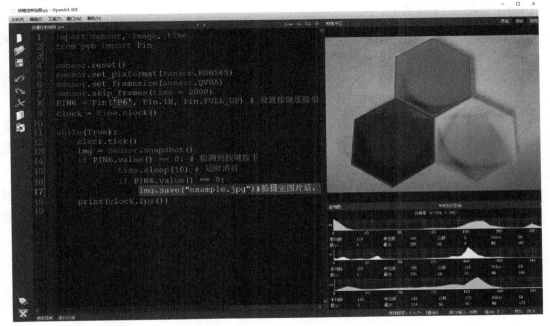

图 2.6 摄像头控制程序运行情况

图 2.7 保存成 JPG 格式的图像文件

完成以上 Python 程序的编写后，上传到 AIE 控制板。运行程序时，如果提示有语法错误，需要逐一进行修改。程序运行过程中，参考以下经验对遇到的问题进行改进：

①如果视频显示区没有显示摄像头捕捉的视频帧图像，则需要检查 Sensor 对象里摄像头工作参数的程序设置是否准确。

②如果视频显示区显示出摄像头捕捉的视频帧图像很不清晰。则要考虑摄像头参数设置是否有误，或者启用 LED 灯进行补光。

③按键保存一次图片后，在虚拟出来的 U 盘空间里仍找不到这个图片文件。需要在 IDE 工具中断开当前连接，再重新连接一下，才能查看到刚才保存的图片文件。

④如果保存图像帧成外部文件过程没有成功，可以查看 AIE 控制板虚拟出来的 U 盘空间里还有没有剩余。因为 U 盘的空间有限，如果文件存满了就要清空文件，再观察程序执行结果。

（6）分析与思考

①为什么在嵌入式视觉应用中，常用 QQVGA、QVGA 等低分辨率图像格式，而少使用 Bitmap 图像格式？

②在视频采集过程中，为什么常使用 sensor. skip_frames（n）方法跳过若干帧？

③编写调试好摄像头控制程序后，观察环境光照变化对视频图像质量的影响。分析光照的影响会严重到什么程度，请找一些对策，并设计解决方案。

④如果将 OpenAIE 控制板上的 LED 灯设置成白色，可以起到对环境的补光作用吗？编程尝试一下，观察补光前后摄像头采集图像在亮度上的变化，再做出结论。

⑤在本项目的（4）设计与实践中的 4）视频捕捉 Python 编程中的 Python 程序，如果去掉按键操作相关功能，运行起来会出现什么情况？

项目3　　　计算机视觉与
　　　　　　颜色追踪

（1）问题的提出

中国自主研制的红旗 HQ3 无人驾驶汽车，早在 2011 年便首次完成了从长沙到武汉 286 km 的高速全程无人驾驶实验，创造了中国自主研制的无人车在一般交通状况下自主驾驶的纪录，标志着中国无人车在环境识别、智慧行为决策和控制等方面实现了新的技术突破。2014 年，百度启动无人驾驶汽车研发计划，所研发的 Apollo 无人驾驶汽车可自动识别交通指示牌和行车信息，具备雷达、相机、全球卫星导航等电子设施，并安装同步传感器。车主只要向导航系统输入目的地，汽车即可自动行驶，前往目的地。2018 年 12 月 28日，百度 Apollo 自动驾驶全场景车队在长沙高速公路上成功行驶。据称，长沙普通市民很快就可以乘坐到无人驾驶出租车。

图 3.1　无人驾驶汽车对交通信息的识别

在无人智能驾驶系统中，红绿灯识别是一项基本技术（图 3.1）。利用无人车的前置摄像系统，对实时捕捉到的图像帧进行图像处理和分析，发现前方的交通指示装置，然后对交通装置区域里的颜色块进行检测，实现红绿灯的识别，引导无人车的运动。颜色的识别与追踪不仅应用于智慧交通、机器人等智慧装备之中，在工业、农业及日常生活中都有广泛应用。

①了解图像颜色识别技术的基本原理、相关算法和应用框架；

②掌握运用人工智能开源硬件设计颜色识别系统的方法，掌握 Python 语言的编程方法；

③应用人工智能开源硬件和 Python 相关算法模块设计颜色跟踪功能；

④针对生活应用场景，进一步开展创意设计，设计具有实用价值的颜色跟踪应用系统。

1）颜色空间模型

光的颜色由不同波长的电磁波所决定。人的眼睛内有几种辨别颜色的锥形感光细胞，分别对黄绿色、绿色和蓝紫色（或称紫罗兰色）的光最敏感（波长分别为 564、534 和 420 nm）。可见光的光谱如图 3.2 所示。

颜色	波长	频率
红色	625~740 nm	480~405 THz
橙色	590~625 nm	510~480 THz
黄色	565~590 nm	530~510 THz
绿色	500~565 nm	600~530 THz
蓝色	485~500 nm	620~600 THz
靛色	440~485 nm	680~620 THz
紫色	380~440 nm	790~680 THz

| 400 | 500 | 600 | 700 | 800 |

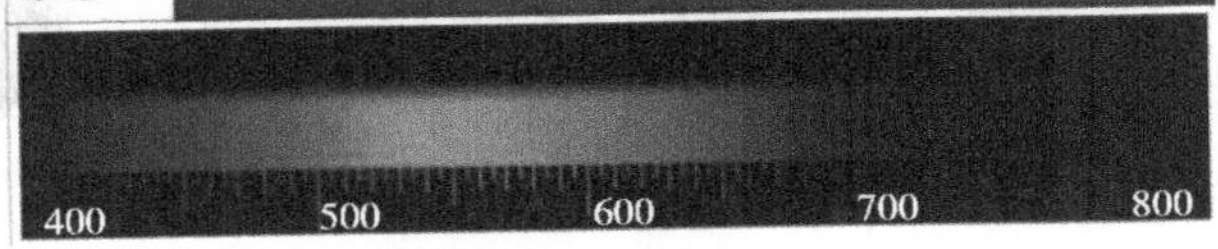

图 3.2 可见光的光谱

表征颜色的模型不止一种，根据人眼的视觉效果，主要可以通过 RGB、

HSV、Lab、CMYK 等色域模型将可见光的颜色描述出来。

①RGB 模型。RGB 模型（图 3.3（a））可以使用 vec3（r,g,b）表示。在模型的三维直角坐标系中，x、y、z 轴相当于红、绿、蓝三通道，原点 vec3（0.0，0.0，0.0）代表黑色，顶点 vec3（1.0，1.0，1.0）代表白色，原点到顶点的中轴线 $x=y=z$ 代表灰度线。RGB 模型适用于计算机表示，将 RGB 以不同的比例混合后，人的眼睛可以形成与其他各种频率的可见光等效的色觉。

用 RGB 模型表征色彩、深浅、明暗变化的方法是：

色彩变化：三个轴 RGB 的最大分量顶点与黄紫青（YMC）色顶点的连线；

深浅变化：RGB 顶点与 CMY 顶点到中轴线（原点和顶点的连线）的距离；

明暗变化：中轴线上的点的位置。离远点近偏暗，反之偏亮。

②HSV 模型。HSV（Hue 色相、Saturation 饱和度、Value/Brightness 亮度，也称为 HSB）模型更符合人类习惯。HSV 模型可以使用倒锥形模型表示（图 3.3（b））。模型中 H 表示色彩信息，即光谱颜色所在的位置，该参数用角度来表示，红、绿、蓝分别相隔 120°，互补色（CMY）分别相差 180°。纯度 S 是一个比例值，范围[0,1]，表示所选颜色的纯度和该颜色最大纯度之间的比率，当 $S=0$ 时，代表灰度。V 表示色彩的明亮程度，范围[0,1]，与光强度无直接关系。

HSV 对人类来说是一种最直观的颜色模型，先指定彩色角 H，并使 $V=S=1.0$，然后通过添加黑色或者白色得到目标颜色。增加黑色可以减小 V 而 S 不变，这样就减小了该颜色亮度；同样，增加白色可以减小 S 而 V 不变，这样就增加了颜色亮度。例如深蓝色为（240°,1.0,0.4），浅蓝色为（240°,0.4,1.0）。

③Lab 模型。Lab 模型则基于人对颜色的感觉，描述的是颜色的显示方式，而非显示设备生成颜色所需要的特定色料的数量，故 Lab 也被视为与设备无关的颜色模型（图 3.3（c））。

（a）RGB模型

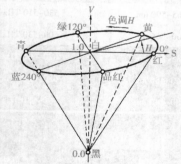
（b）HSV模型

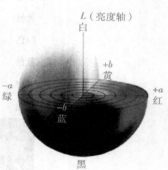
（c）Lab模型

图 3.3 典型的颜色空间模型

Lab 色彩模型是由亮度(Luminosity)和有关色彩的 a、b 3 个要素组成。a 表示从洋红色到绿色的范围,b 表示由黄色到蓝色的范围。即 a 的正数代表红色,负端代表绿色,b 的正数代表黄色,负端代表蓝色。L 取值范围是[0,100],当 $L = 50$ 时,相当于 50% 的黑。a、b 的值域都是 $[-128, 127]$。当 $x = -128$ 时,a 是绿色,b 是蓝色;当 x 渐渐过渡到 127 时,a 渐渐变成了洋红色,b 渐渐变成了黄色。所有的颜色可以由这 3 个值交互变化组成。例如,当 Lab 取值为(100,30,0)时,色彩表现为粉红色。

Lab 模式中,a 轴和 b 轴与 RGB 模型相比,洋红色更加偏红,绿色更加偏青,黄色略带红色,蓝色略偏青色。Lab 模型具有不依赖设备的优点,除此之外,它还具有宽阔的色域优势。色域范围内不仅包含了 RGB、CMYK 的所有色域,还能表示它们不能表现的色彩。人类能感知的色彩,都能通过 Lab 模型表现出来。另外,Lab 色彩模型弥补了 RGB 色彩模型中分布不均匀的不足,在 RGB 模型中蓝色到绿色之间过渡的色彩多,而绿色到红色之间缺少黄色和其他色彩。所以,如果想在数字图像处理中保留宽阔的色域和丰富的色彩,最好选择 Lab 模型。

Lab 模型又称亮度-对比度模型,被设计来接近人类视觉。OpenMV、OpenCV 等很多图像处理库都是基于 Lab 模式进行颜色模型参数的训练,设计查找色块的算法。

2）基于 Lab 色彩空间的图像分割

Lab 颜色空间中,L——亮度层,a——颜色在红绿轴的分量,b——颜色在蓝黄轴的分量。通过计算每个像素点和 6 种颜色平均值的欧氏距离,这 6 种距离中最小的距离即为该像素点的颜色。这种方法又称为最近邻近法。例如:如果像素点距离红色平均值的欧氏距离最小,那么该像素点就为红色。对提取出的像素点进行形态学处理,如腐蚀、膨胀、孔洞填充等,随后进行连通区域的提取。

Lab 阈值分割法有两个关键步骤:第一,确定进行正确分割的阈值;第二,将图像的所有像素与阈值进行比较,以进行区域划分,达到目标与背景分离的目的。在这一过程中,正确确定阈值是关键,只要能确定一个合适的阈值就可以完成图像的准确分割。

Lab 各分量的阈值设定一般是根据先验知识。实际应用中,现场光照情况不尽相同,常常出现所给定的阈值并不是最合适的。这时可以设计阈值计算算法,为每种颜色选定一个小样本采集区域,然后计算样本区域中这种颜色的平均值,作为颜色追踪过程的阈值参数。

（4）设计与实践

1）摄像头参数设置及控制

在计算机视觉开源库中，提供 Python 语言编写的 Sensor 对象，用于设置摄像头的工作参数。颜色追踪运用中，编程设置摄像头的工作参数需要注意如下事项：

```
# 设置摄像头工作参数
sensor. reset( )                              #初始化摄像头组件；
sensor. set_pixformat( sensor. RGB565)        #设置为彩色；
sensor. set_framesize( sensor. QVGA)          #设置图像的大小；
sensor. skip_frames( )                        #在更改设置后，跳过若干帧，
                                               等待摄像头组件的稳定；
# 自动增益/白平衡
sensor. set_auto_gain( )    #自动增益开启或者关闭。在使用颜色追踪算
                             法时，需要关闭自动增益。
sensor. set_auto_whitebal( )   #自动白平衡开启或者关闭。在使用颜色追
                                踪算法时，需要关闭此功能。
```

摄像头参数设置完成后，就可以编程控制摄像头的工作，如视频拍摄、获取图像帧、跳过若干帧等。摄像头参数设置及控制过程参见项目 2 中相关内容和编程方法。

2）时钟控制设计

计算机视觉开源库提供 time 类用于追踪运行时间，在嵌入式应用系统中非常实用。time 提供的主要方法有：

time. ticks( )返回以毫秒(ms)计的通电后的运行时间。

time. sleep(ms)休眠 ms 数值。

class time. clock 返回一个时钟物件。

clock. tick( )开始追踪运行时间。

clock. fps( )停止追踪运行时间，并返回当前 FPS(每秒帧数)。在调用该函数前一定要先调用 tick。

clock. avg()停止追踪运行时间,并返回以毫秒计的当前平均运行时间。在调用该函数前始终首先调用 tickclock. reset()重置时钟物件。

3)颜色追踪的实现

计算机视觉开源库中提供 image. find_blobs(thresholds[,invert = False[,roi[,x_stride = 2[,y_stride = 1[,area_threshold = 10[,pixels_threshold = 10[,merge = False[,margin = 0[,threshold _ cb = None[,merge _ cb = None]]]]]]]]]])方法,用于查找图像中所有色块,并返回一个搜索到的色块对象的列表。blobs 方法中,对于 RGB565 图像,thresholds 元组列表中每个元组需要 6 个参数值(l_lo,l_hi,a_lo,a_hi,b_lo,b_hi),分别是 Lab 颜色模型的 L、a 和 b 3 个参数的最小值和最大值。

find_blobs 函数中,invert = true 表示反转颜色阈值,invert = False 默认不反转。roi 参数用来设置颜色识别的视野区域,roi 是一个元组,roi = (x,y,w,h),代表从左上顶点(x,y)开始的宽为 w 高为 h 的矩形区域,roi 默认设置为整个图像视野。

find_blobs 函数的默认用法是 find_blobs(thresholds,invert = False,roi = Auto)。设置好颜色跟踪应用的摄像头视频采集工作参数,将待追踪颜色的 Lab 阈值传入 find_blobs 函数中,即可在指定的图像区域内启动颜色追踪过程。追踪某种红色的 Python 例程参考如下:

```
import sensor,image,time
red_threshold_01  = (41,60,44,84, - 10,63)
#设置红色的阈值,括号里面的数值分别是 Lab 的最大值和最小值
(minL,maxL,minA,
# maxA,minB,maxB)。
```

```
sensor. reset()                      # 初始化摄像头
sensor. set_pixformat(sensor. RGB565)    # 使用 RGB565 颜色格式;
sensor. set_framesize(sensor. QQVGA)     # 使用 QQVGA 图像分辨率,提
                                           升追踪速度;
sensor. skip_frames(10)                 # 跳过 10 帧;
sensor. set_auto_whitebal(False)
#关闭白平衡。白平衡是默认开启的,在颜色识别中,需要关闭白平衡。
clock  =  time. clock()                  # 用于跟踪 FPS;
```

```
while(True):
    clock.tick()      # 跟踪两次 snapshots() 间消耗的时间(millisec-
onds);
    img = sensor.snapshot()   # 捕获图像帧;
    blobs = img.find_blobs([red_threshold_01],area_threshold = 150)
#搜索指定颜色色块;
    if blobs:
        #如果找到了目标颜色
        print(blobs)
        for b in blobs:
            #迭代找到的目标颜色区域
            img.draw_rectangle(b[0:4])   # 用矩形标记出目标颜色
                                            区域
            img.draw_cross(b[5],b[6])     # 在 cx,cy 坐标处画上十
                                            字标记
            #即在目标颜色区域的中心画十字形标记
```

4) Python 编程及实现

集成以上各阶段的编程过程,可以设计同时检测出多种颜色的颜色追踪 Python 程序,写入 AIE 控制板中,观察颜色追踪效果。同时实现红绿蓝 3 种颜色追踪的完整程序参考如下:

```
import sensor,image,time#引入感光组件的模块
# 颜色跟踪阈值参数(L Min,L Max,A Min,A Max,B Min,B Max)
# 以下阈值参数组可以跟踪一般的红色、绿色和蓝色物体,具体场景中的
阈值可以自行调节到最优;
thresholds = [(41,60,44,84, -10,63),           # 红色阈值
             (53,72, -59, -15, -3,52),          # 绿色阈值
             (48,71, -25, -5, -53, -26)]        # 蓝色阈值
                                                 # 可以同时设置不超
                                                   过 16 种颜色阈值
sensor.reset()                                   # 初始化摄像头
sensor.set_pixformat(sensor.RGB565)              # 设置为彩色
sensor.set_framesize(sensor.QVGA)                # 设置图像的大小
sensor.skip_frames(time = 2000)                  # 跳过一些帧/跳过 n
```

张照片,等待摄像头变稳定。

```
sensor. set_auto_gain(False)           # 颜色追踪应用中必须关闭自动增益
sensor. set_auto_whitebal(False)       # 颜色追踪应用中必须关闭白平衡
clock  =  time. clock()
#   如果更改摄像头工作分辨率,需要更改"pixels_threshold"和"area_
    threshold"的取值。
while(True):
    clock. tick()
    img  =  sensor. snapshot()           # 捕捉一帧图像,保存到 image 对象中;
    for blob in img. find_blobs(thresholds, pixels_threshold = 200, area_
threshold = 200):
        # 如果所检出色块的像素数或像素面积大于阈值200 则会被确认,
           返回给 blob 对象;
            img. draw_rectangle(blob. rect())               # 画矩形
            img. draw_cross(blob. cx(), blob. cy())       # 画十字
    print(clock. fps())                                        # 打印出帧数
```

程序运行情况如图3.4 所示,(a)中右上区域显示出了摄像头捕捉到的视频图像,其中迭加显示了实时检测识别出的色块区域。

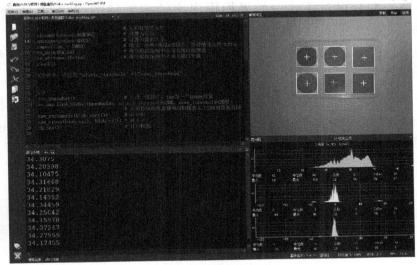

(a)颜色追踪程序运行界面

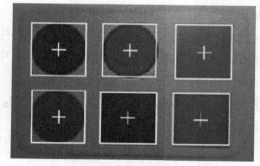

（b）颜色追踪结果

图 3.4 颜色追踪程序运行结果

（5）调试、验证及完善

完成以上 Python 程序的编写后，上传到 AIE 控制板。运行程序时，如果提示有语法错误，需要逐一进行修改。程序运行过程中，参考以下经验对遇到的问题进行改进：

①如果视频显示区显示出摄像头捕捉的视频帧图像很不清晰，则要考虑是否摄像头参数设置不妥。如果拍摄出来的视频帧图像很暗，则要参考项目 1 中的编程方法，启用 LED 灯进行补光。

②运行程序后，如果检出很多小色块，则要调大像素面积阈值参数的值，再进行试验。

③如果参照先验知识给定的颜色阈值运行情况不理想，可以利用阈值编辑器 threshold editor 进行色块的阈值设定，将新的阈值传入 find_blobs 函数中，观察程序执行结果。

（6）分析与思考

①利用 find_blobs 函数可以实现某种特定颜色的识别和追踪，实际生活中会有同时追踪几种颜色的需求。请思考，要进行多种颜色的同时追踪，Python 程序应该如何设计？

②在颜色追踪应用中，你有没有遇到过环境光照变化对识别追踪结果的

影响？光照的影响严重到什么程度？请找到一种对策，并设计解决方案。

③实际应用中，同一种颜色物体在不同场景中的表现会有偏差，颜色也有色系，如浅蓝、湖蓝、深蓝等。如何利用 find_blobs 方法中 Thresholds 参数支持多组阈值的特点，设计具有通用性的颜色追踪应用系统？

④如果要设计一款颜色追踪机器人，如何利用 find_blobs 方法进行运动色块的追踪，让机器人跟随色块进行运动？请给出 AIE 控制板与机器人系统间的接口设计。

项目4 基于计算机视觉的物体形状检测

(1) 问题的提出

在现代农业和智能工厂里,已经应用了视觉分拣机器人,运输线上安装有摄像头,现场采集图像,控制系统可以对圆形、方形、椭圆等形状进行实时识别,从而自动对水果、产品等物体进行等级分类或品质鉴别,大幅提高了工作效率,如图 4.1(a) 所示。

图 4.1(b) 显示了视觉分拣机器人的工作原理,利用视觉系统采集图像,计算机系统进行图像处理,先完成特征点检测、轮廓检测等过程,再进行图像匹配或形状识别。生活中也会经常遇到需要对物体形状进行判断的情形,运动娱乐业的自动捡球机可以发现视野内的乒乓球、高尔夫球、足球等圆形物体,消费行业的餐盘识别系统可以发现矩形、圆形等指定形状的餐盘,这些都是典型的应用场景。

 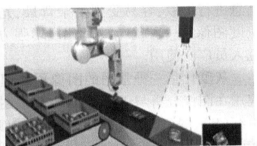

(a) 自动分拣生产线　　　　　　　　　　(b) 视觉分拣工作原理

图 4.1　计算机视觉在生产中的应用

(2) 任务与目标

①了解图像处理及图形识别技术的基本原理、相关算法和应用框架;

②掌握运用人工智能开源硬件设计智能应用系统的方法,掌握 Python 语言的编程方法;

③应用人工智能开源硬件和 Python 相关算法模块设计物体形状检测

功能；

④针对生活应用场景，进一步开展创意设计，设计具有实用价值的物体形状检测应用系统。

（3）知识准备

1）图像预处理

计算机采集视频图像的时候，会受到各种环境光的影响，还有抖动等干扰，输入的图像会有失真和引入噪声。另外，摄像机的位置和参数设置都会对图像的质量带来影响。为了便于特征提取，提升图像识别的精确度，需要对图像先进行预处理。图像预处理方法一般包括灰度化、二值化、图像增强、图像去噪和边缘检测等。

①灰度化。在图像检测及识别等应用过程中，如果直接对图像中的颜色信息进行提取，容易受到复杂背景、光照、噪声的影响，存在干扰。人们发现灰度图像是一种简单的对比度增强方法，有助于图像识别等过程，因而被研究人员广泛使用。

灰度化是一种常用的图像预处理方法，它将彩色图像转化为灰度图像，应用在图像分析与识别等应用中。根据光的颜色 RGB 空间模型，物体的颜色由红（R）、绿（G）、蓝（B）3 种基本的颜色组成，不同量值的 R、G、B 形成不同的颜色呈现。在 RGB 空间模型中，空间的原点对应的是黑色，距离原点最远的那个顶点对应的是白色。连接原点和这个顶点，连线段上对应了从黑色到白色的灰度值，也称亮度值。

彩色图像中的每一个像素的颜色都是由 R、G、B 3 个分量决定的，而每个分量都有 255 个值，在 RGB 颜色空间中，大约有 1 600 万种不同的颜色。灰度图像只含有亮度信息，不含色彩信息，其亮度是连续变化的，要表示灰度图像就需要把亮度值进行量化，通常把灰度划分为 256 个灰度级，从 0 到 255。灰度值越接近于 0，对应像素点越接近黑色。灰度值越接近于 255，对应像素点越接近白色。

在早期的图像识别应用中，为了减少数据的计算量，都是直接将各种彩色图像转变为灰度图像再进行后续运算。当前应用广泛的嵌入式系统，单片机的运算资源和能力均有限，也需要将彩色图像灰度化才能开展后续处理工作。

②二值化。二值化也是图像预处理的一种技术,又称图像黑白化。通过二值化的处理,可以凸显出图像的轮廓。它将像素点的灰度值设置为 0 或者 255,不采用其他灰度值,目的是使整个图像都呈现出黑白效果。通过选取合适的阈值,将 256 个不同等级的灰度图像进行划分,划分结果仍然可以描绘图像的整体或局部特征,这样就实现了图像的二值化。

在图像预处理过程中,首先进行图像灰度化处理,再做二值化处理,从而减少图像数据的存储空间,减少了数据的运算量,提高了系统的实时性。在此基础上,进行开闭、腐蚀、膨胀、连通等图像形态学计算,就可以得到角点、边缘、轮廓等特征,供模式匹配及机器学习等算法使用。

2)霍夫变换

图像中的形状检测主要是侦测诸如直线、圆形、椭圆形、矩形等几何形状,计算机视觉应用中常用的算法是霍夫变换。

霍夫变换由保罗·霍夫(Paul Hough)提出,起初用来检测图像中的直线,后来扩展到检测矩形、圆和椭圆等任意形状的物体。霍夫变换是通过直角坐标系和极坐标系之间的变换将图像空间中具有相同特征的直线或者曲线映射到参数空间中的一个点上,然后在参数空间中对点进行描述,使结果更易识别和检测,最后用累加器进行累加,从而把检测图形的问题转化为寻找最大累加值的问题。

霍夫变换的核心过程就是将离散的点映射到参数空间,在参数空间内累计最多的点就是初始空间内决定直线或曲线的参数。霍夫变换的一般步骤可以描述如下:

①用 Canny 算子进行边缘轮廓提取。在做霍夫变换时,如果将所有的像素点都做映射处理,会导致计算量太大,一般都是先用 Canny 算子对边缘轮廓做提取,尽可能去掉平滑区域的点,减少计算量。

②利用二值化的方法以及开闭等形态学操作提取轮廓,去掉噪声等扰动,求得在拟合线性方程时尽可能准确。

③利用霍夫变换完成空间映射。

④用计数器统计出现次数最高的未知系数组合,如(ρ,θ)等。

3)直线检测

霍夫变换检测直线是其最基本的应用,其实就是根据提取出的很多特征点$(X_0,Y_0),(X_1,Y_1),\ldots,(X_n,Y_n)$求待拟合直线 $Y=kX+b$ 中的斜率 k 和偏移

b。利用数学知识"两点决定一条直线",只要知道两组(X,Y)就可以得到唯一的k和b。因此,可以通过任意两点得到若干组(k,b),选取出现次数最多的一组(k,b)就是要求的参数。按照这样的思路,把图像平面上的特征像素点映射到参数平面上,通过累计可能会出现几组参数峰值点,即可检测出图像中的多条直线。

一些计算机视觉编程库中提供了霍夫变换算法,实现方法是从直角坐标系映射到极坐标系中,利用极坐标系下直线求解的(ρ,θ)参数进行累计和遍历。极坐标的映射方法是对于直角坐标系下的点,每隔一定的角度(如$\pi/10$)画过该点的直线,对应的(ρ,θ)映射到极坐标系下,这样每个点在极坐标系下都可以映射为周期为2π的类似于正余弦曲线一样的曲线。将所有的点通过这种方式映射后,在极坐标系下,曲线都会交于某个点,搜索出相交次数最多的交点,那么该点所对应的(ρ,θ)就是要求的结果。

4)圆检测

圆的方程为$(x-x_0)^2+(y-y_0)^2=r^2$,根据之前对检测直线的讨论,对圆的检测本质上就是求3个参数(x_0,y_0,r),所以就可以通过任意3点求解3个未知数,然后对(x_0,y_0,r)这个集合投票,最终出现次数最多的一组参数就是决定圆方程的参数。

利用霍夫变换进行圆检测,就是将图像空间中的边缘特征像素点映射到参数空间,然后把参数空间中的坐标点元素对应的累加值进行累加,最后根据累加值确定圆心和半径。

圆的一般方程可以写成:

$$(x-a)^2+(y-b)^2=r^2 \tag{4.1}$$

其中(a,b)为圆心,r为半径。在直角坐标系中,将圆上的点(x,y)转换到极坐标平面中,对应的公式:

$$\begin{cases} x=a+r\cos\theta \\ y=b+r\sin\theta \end{cases} \tag{4.2}$$

假设图像空间中的一个边缘特征点(x_0,y_0),以半径为r_0映射到参数空间。将这个边缘点(x_0,y_0)代入式(4.2),再进行相应的变换,可以写成:

$$\begin{cases} a=x_0-r_0\cos\theta \\ b=y_0-r_0\sin\theta \end{cases} \tag{4.3}$$

其中$\theta\in[0,2\pi)$,由(4.3)的公式可以知道,对θ进行遍历,那么图像空间上的点(x_0,y_0)映射到参数空间为一个圆。由此可以推出,图像空间中的每一个边缘点对应到参数空间都是一个圆。

在圆形检测中,需要计算出最大累加值,就可以找到圆心和半径,然后通过遍历,标出所有的像素点。

5）圆形检测的具体过程

在使用霍夫变换进行圆检测时,要对图像进行灰度化和二值化处理,提取图像的边缘信息,在图像识别中,使结果更加准确。圆检测的步骤:

①对需要检测的图像灰度化、二值化。

②对图像进行边缘检测。

③在参数空间 ρ-θ 中建立一个累加数组,并设置该数组中的初值为零。

④然后对数组进行峰值检测,得到被检测直线的参数 ρ 和 θ。

将参数空间等分成 m 行、n 列,m 为 θ 的等分数,n 为 ρ 的等分数,并设置累加值矩阵。设置半径最小刻度,角度最小刻度,半径的最大值、最小值。遍历所有的像素点,求出 a 和 b 的值。然后判断 (a,b) 是否在矩阵 (m,n) 中,如果 (a,b) 在该范围内,累加器加1,从而获得霍夫累积矩阵。

在圆的检测中需要设置阈值,最大累加值确定阈值。搜索超过阈值的聚焦点,对应的参数就认为是圆的参数。阈值不同,检测的效果也不同,如果阈值设置为 0.75,那么大于最大累加值75%的累积矩阵对应的圆都可以检测出来。这次遍历目的是找出符合参数的像素,也就找到了圆的像素。

6）矩形检测

基于窗口霍夫变换与阈值分割自动识别图像中的矩形策略:通过图像窗口霍夫变换,提取霍夫图像的峰值(对应原始图像的线段),当4个峰值满足某些几何条件时,则检测出矩形。

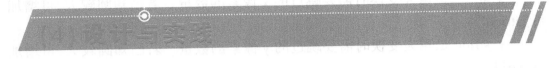

人工智能开源控制板上集成的 Python 视觉库中提供利用霍夫变换检测直线、圆形、矩形的算法,提供 find_lines 方法进行直线检测,提供 find_circles 方法进行圆形检测,提供 find_rects 方法进行矩形检测。

1）摄像头参数设置及控制

在计算机视觉开源库中,提供 Python 语言编写的 Sensor 对象,用于设置

摄像头的工作参数。形状追踪应用中,编程设置摄像头的工作参数需要注意如下:

```
# 设置摄像头工作参数
sensor. reset( )                          #初始化摄像头组件;
sensor. set_pixformat( sensor. RGB565)    #设置为彩色;
sensor. set_framesize( sensor. QVGA)      #设置图像的大小;
sensor. skip_frames( )                    #在更改设置后,跳过若干帧,等待摄像头组
                                           件的稳定;
# 自动增益/白平衡
sensor. set_auto_gain( )                  #自动增益开启或者关闭。在使用形状追踪
                                           算法时,需要关闭自动增益。
sensor. set_auto_whitebal( )              #自动白平衡开启或者关闭。在使用形状追
踪算法时,需要关闭此功能。
```

摄像头参数设置完成后,就可以编程控制摄像头的工作,如视频拍摄、获取图像帧、跳过若干帧等。摄像头参数设置及控制过程参见项目2中相关内容和编程方法。

2)圆形检测的实现

Python 视觉库中提供 image. find_circles([roi[, x_stride = 2[, y_stride = 1 [, threshold = 2000[, x_margin = 10[, y_margin = 10[, r_margin = 10[, r_min = 2 [, r_max[, r_step = 2]]]]]]]]]])方法,使用霍夫变换在图像中查找圆。返回一个 image. circle 对象列表。

其中,roi 是一个用以搜索的矩形的感兴趣区域(x, y, w, h),图像操作范围仅限于 roi 区域内的像素。如果未指定,默认的 roi 即整幅图像。

x_stride 是霍夫变换时需要跳过的 x 像素的数量。若已知圆较大,可增加 x_stride。

y_stride 是霍夫变换时需要跳过的 y 像素的数量。若已知圆较大,可增加 y_stride。

threshold 控制从霍夫变换中监测到的圆。只返回大于或等于 threshold 的圆。应用程序的正确的 threshold 值取决于图像。注意:一个圆的大小(magnitude)是组成圆所有索贝尔滤波像素大小的总和。

x_margin 控制所检测的圆的合并。圆像素为 x_margin 、y_margin 和 r_margin 的部分合并。

y_margin 控制所检测的圆的合并。圆像素为 x_margin 、y_margin 和 r_

margin 的部分合并。

r_margin 控制所检测的圆的合并。圆像素为 x_margin 、y_margin 和 r_margin 的部分合并。

利用 find_circles 方法检测圆形物体的例程如下：

```
import sensor,image,time
sensor. reset( )
sensor. set_pixformat( sensor. RGB565)
sensor. set_framesize( sensor. QQVGA)
sensor. skip_frames( time = 2000)
clock = time. clock( )


while( True) :
    clock. tick( )
    img = sensor. snapshot( ). lens_corr( 1.3)    #进行镜头畸变校正,去
除图像中的鱼眼效应;


    # image. circle 对象有四个值:x,y,r( 半径) 和 magnitude。magnitude
是检测圆的强度,值越高越好。
    # roi 是一个用以搜索的矩形区域( x,y,w,h) ,图像操作范围仅限于
roi 区域内的像素。如果未指定,默认的 roi 即整幅图像。
    # x_stride 是霍夫变换时需要跳过的 x 像素的数量。若已知圆较大,
可增加 x_stride。
    # y_stride 是霍夫变换时需要跳过的 y 像素的数量。若已知直线段
较长,可增加 y_stride。
    # threshold 控制从霍夫变换中监测到的圆。只返回大于或等于阈值
的圆。一个圆的大小是组成圆的所有索贝尔滤波像素大小的总和。
    #margin 的分量 x_margin、y_margin 和 r_margin 用来控制所检测的圆
的合并。
    # r_min,r_max 和 r_step 用来控制测试圆的半径。缩小测试圆半径的
数值可以提升搜索性能。
    #阈值 threshold = 3500 比较合适。如果视野中检测到的圆过多,需
要增大阈值;相反,如果视野中检测到的圆过少,需要减少阈值。
    for c in img. find_circles( threshold = 2500,x_margin = 10,y_margin =
10,r_margin = 10,r_min = 2,r_max = 100,r_step = 2) :
```

#以圆心(c.x( ),c.y( ))和半径c.r( ),用黄色画圆;
　　　img.draw_circle(c.x( ),c.y( ),c.r( ),color = (255,255,0))
　　　print(c)
print("FPS %f" % clock.fps( ))
程序调试通过后,运行情况如图4.2所示。

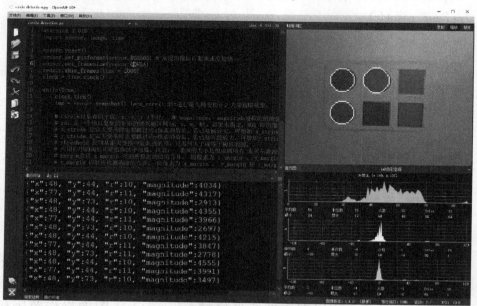

（a）圆形检测程序运行情况

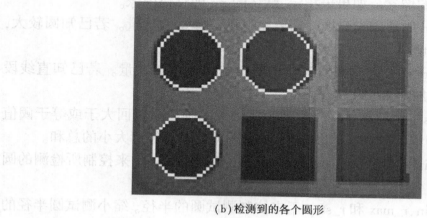

（b）检测到的各个圆形

图4.2　对圆形进行检测的情况

3)矩形检测的实现

Python 视觉库中提供 image.find_rects([roi = Auto,threshold = 10000])方

法用于查找图像中的矩形,返回一个 image. rect 对象的列表。该方法适用于检测与背景形成鲜明对比的矩形。

其中,roi 是一个用以搜索的矩形区域(x,y,w,h),图像操作范围仅限于 roi 区域内的像素。如果未指定,默认的 roi 即整幅图像。

Threshold 参数的取值要根据应用场景的情况进行调节。在矩形边缘处所有像素上滑动索贝尔算子并进行累加,边界值小于 threshold 的矩形会进入返回列表。

利用 find_ rects 方法检测矩形物体的例程如下:

```
#找矩形
import sensor,image,time
sensor. reset( )
sensor. set_pixformat( sensor. RGB565)
sensor. set_framesize( sensor. QQVGA)
sensor. skip_frames( time = 2000)
clock = time. clock( )

while( True):
    clock. tick( )
    img = sensor. snapshot( )
```

find_rects 中'threshold'应设置为足够高的值,以滤除在图像中检测到的具有低边缘幅度的噪声矩形,最适用于与背景形成鲜明对比的矩形。

```
    for r in img. find_rects( threshold = 25000): #查找矩形,阈值 = 10000
        img. draw_rectangle( r. rect( ) ,color = (255,0,0))   #画出矩形,颜色为红色
        for p in r. corners( ):        #找出矩形的 4 个角
            img. draw_circle( p[0],p[1],5,color = (0,255,0))# 4 个角顺时针画出绿色的半径为 5 像素的圆形
        print( r)
    print( "FPS %f" % clock. fps( ))
```

程序调试通过后,运行情况如图 4.3 所示。

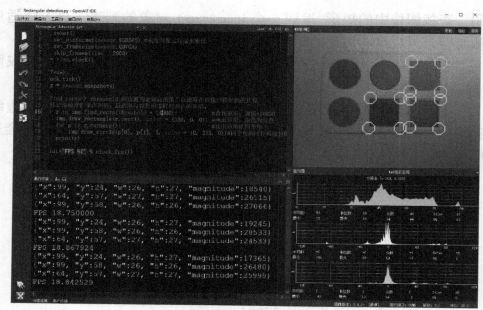

（a）矩形检测程序运行情况

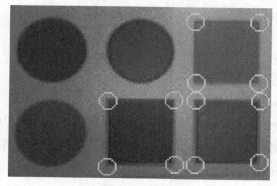

（b）检测到的各个矩形

图 4.3　对矩形进行检测的情况

完成以上 Python 程序的编写后，上传到 AIE 控制板。运行程序时，如果提示有语法错误，需要逐一进行修改。程序运行过程中，参考以下经验对遇到的问题进行改进：

①利用 find_circles 方法检测圆形，如果视野中没有检测到圆，可以调减 threshold 阈值；相反，如果视野中检测到的圆过多，则需要增大 threshold 阈值。

②利用 find_rects(threshold) 方法检测矩形,如果没有检测到矩形,可以调减 threshold 阈值;相反,如果检测出的矩过多,则需要增大 threshold 阈值。

如果视频显示区显示出摄像头捕捉的视频帧图像很不清晰,则要考虑摄像头参数设置是否有误,或者启用 LED 灯进行补光。

③矩形及圆形检测过程中,如果发现图像帧有畸变,可以利用 lens_corr 方法进行镜头畸变校正,去除图像中的鱼眼效应。

④如果视频显示区显示出的视频图像清晰,矩形及圆形都清晰可见,然后却没有正确识别出这些形状,则要认真检查相关程序代码是否有误。

(四) 分析与思考

①find_rects 方法可以快速实现矩形的检测与追踪。生活中经常会遇到三角形、菱形等其他几何形状的物体(图4.4),利用霍夫变换检测直线的方法有助于这些形状的检测吗?利用网络查阅相关技术方法,给出解决方案。

②利用 find_circles 函数可以实现圆形物体的识别追踪,实际生活中会有识别椭圆等形状物体的需求。如何参考圆的检测原理,进行椭圆等形状物体的追踪?利用网络查阅相关技术方法,给出解决方案。

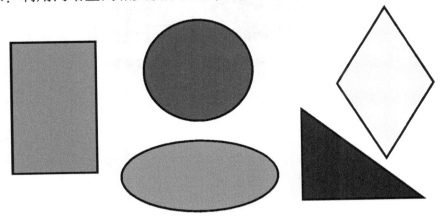

图4.4　生活中各种形状的物体

③在形状追踪应用中,环境光照的变化对识别形状结果有影响吗?光照的影响严重到什么程度?请找到一种对策,并设计解决方案。

④如何利用 find_blobs、find_circles 等方法,同时进行颜色识别与形状的综合识别?请尝试编程解决。

通过本次项目实践,推动形状自动追踪检测技术在生活中的进一步应用。图4.5就是一个可以初步应用的物体形状检测与分类存储装置。它包括两组舵机控制系统:一组舵机用于控制阀门开合,让滑落下来的物体有个短暂停留,上方的摄像头处于工作状态,检测物体的形状,如圆形、方形等;存储箱下面的舵机可以控制存储箱转动的角度。当摄像头模块识别出物体的形状后,就通知储物箱转动,并打开下滑阀门,使物体能够分类存储。这样的原型系统可以在哪些生活场景中应用? 提出你的设计方案,有条件的话再进行编程实践。

图4.5　物体形状检测与分类存储装置

项目5　计算机视觉目标跟踪系统

（1）问题的提出

图 5.1　机器人足球竞赛活动

　　足球运动是一种大家非常喜爱的运动。让机器人踢足球是非常有创意和挑战的工作（图 5.1），目前国际上最具影响力的机器人足球赛事有 FIRA 国际机器人足球赛和 Robo Cup 国际机器人足球世界杯赛。2013 年 Robo Cup 机器人世界杯足球赛在荷兰埃因霍温落幕。代表中国出战的北京信息科技大学队成为最大黑马，在中型组决赛中以 3∶2 击败东道主荷兰的埃因霍温科技大学队夺冠，在人工智能领域率先圆了中国足球的冠军梦。

　　足球机器人中涉及的关键技术是利用计算机视觉技术实现对足球的识别和实时跟踪。近年来，乒乓球机器人开始走向实用，它能快速发现更小的乒乓球并持续跟踪，引导机械臂完成击球动作。对足球、乒乓球的快速识别并持续跟踪，利用的是计算机视觉中的颜色区块和形状的自动检测技术，在居家生活、工业生产等领域有着广泛应用。学习和掌握视频图像中的颜色和特定形状的检测技术，可以应用在智能小车巡道、安防机器人捕捉活动目标等创客项目中。

（2）趋势与目标

①了解图像处理与目标跟踪技术的基本原理、相关算法和应用框架；

②掌握运用人工智能开源硬件设计智能应用系统的方法，掌握 Python 语言的编程方法；

③应用计算机视觉开源硬件和 Python 编程，编写色块及形状综合识别算法，实现对目标的跟踪功能；

④针对生活应用场景，进一步开展创意设计，设计具有实用价值的目标跟踪应用系统。

（3）知识准备

1）Lab 颜色空间模型参数的取值范围

Lab 颜色空间很接近人类视觉，应用较为广泛。OpenCV、OpenMV 等很多计算机视觉算法库都是基于 Lab 空间进行颜色模型参数的训练，设计查找色块的算法。

Lab 颜色空间模型参数中：L 是亮度，取值范围是 $L \in (0, 100)$；a 为颜色在红绿轴的分量，取值范围是 $(-128, 127)$；b 为颜色在蓝黄轴的分量，取值范围是 $(-128, 127)$。OpenCV 等算法库对 Lab 模型参数做了量化对齐处理，使其处于 0～255，具体做法：$L = L \times 2.55$，$a = a + 128$，$b = b + 128$。

色块搜索一般采用邻近算法，通过计算每个像素点与颜色空间的欧氏距离，确定该像素点的颜色，然后对提取出的像素点进行腐蚀、膨胀、孔洞填充等形态学处理，最终得到色块的连通区域。

在色块搜索过程中，Lab 模型的阈值参数设定最为关键，图像的所有像素都要与阈值进行比较，才能进行后续的区域分割。如果 Lab 模型的阈值参数不适合当前的视频采集环境，就很难完成对视频图像进行准确的色块分割。

Lab 各分量的阈值设定一般根据先验知识，而在实际应用中，现场光照情况不尽相同，摄像头也会带来偏色情况，顺光、逆光、色温、噪声等情况都会影响颜色跟踪效果，常常出现所给定的阈值并不适合现场应用的情况。针对实际应用中的这些情况，可以设计一个阈值现场计算算法，为每种颜色选定一个小样本采集区域，然后计算样本区域中这种颜色的平均值，作为后续颜色追踪过程的阈值参数。一些计算机视觉应用系统会提供颜色空间阈值设置工具来辅助 Lab 模型的阈值参数设定，方便了实际应用工作。

2）Lab 模型参数的设置

OpenAIE IDE 开发工具提供了有颜色阈值选择器，可以帮助开发人员快速设定适合应用现场环境的使用 Lab 颜色模型的各个阈值参数。

利用 Lab 阈值编辑器，可以根据视频采集现场的光照、背景光、环境噪声、摄像头工作状态等实际情况，如图 5.2 所示，进行针对性的 Lab 模型参数设置。

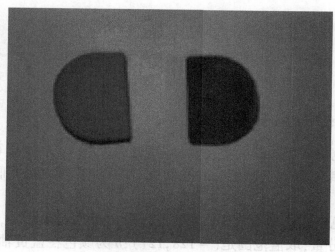

图 5.2　现场采集的颜色物体画面质量

以图 5.2 中的左边色块 Lab 建模为例，利用阈值编辑器实际操作的过程如下：

①启动阈值编辑器。在 OpenAIE IDE 开发环境中，从顶部菜单的"工具"栏里依次进行操作：选择工具→机器视觉→阈值编辑器，就启动了 Lab 颜色模型的阈值编辑器，如图 5.3 所示。

②选择建模源图像。启动 Lab 颜色模型的阈值编辑器后，首先就需要指定建模图像来源，可以选择以往准备好的含待建模色块的原始图像文件，从中确定模型参数，这种方法常用来建立一些新颜色块的模型参数。为了更好地适应应用现场的环境，可以直接选择"帧缓冲区"方式，从现场捕捉的图像

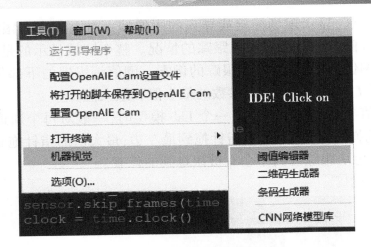

图 5.3　Lab 阈值编辑器

帧中提取色块进行建模,如图 5.4 所示。

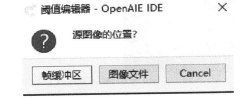

图 5.4　选择建模源图像

③阈值编辑器操作界面。阈值编辑器的操作界面如图 5.5 所示。左上是

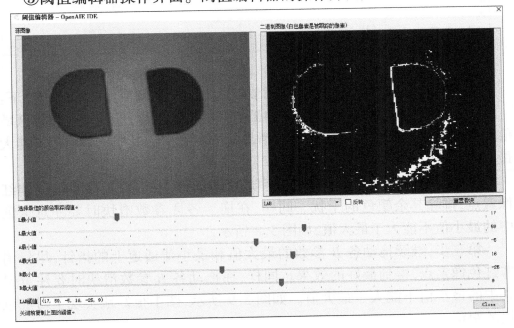

图 5.5　阈值编辑器操作界面

源图像显示区,显示现场捕捉或导入的图像帧。右上是色块跟踪区,显示按照当前 Lab 阈值参数进行颜色跟踪的情况。整个区域显示的是二进制图像,即二值化图像,白色像素是被跟踪的像素。阈值编辑器的下部是各组参数调节区,包括 L 参数、A 参数、B 参数的最小值和最大值。

④阈值参数调节。新建立一个 Lab 模型时,一般对每个通道都进行如图 5.6 所示的操作,将最小值的指针拖到最左边,最大值的指针拖到最右边。这时,右上的色块跟踪区内不会有被跟踪到的像素。

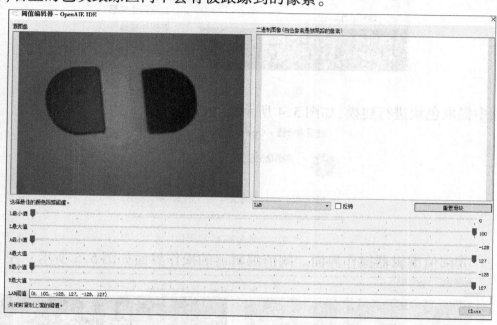

图 5.6　阈值参数调节初始状态

假如目标颜色是红色,建立及调节红色 Lab 模型阈值参数的过程如下:

第一步,拖动 L 参数的最大值和最小值的指针,尽可能地寻找目标区域阈值是白色的情况。在拖动 L 各参数滑块时要注意保证其中的最小值不能大于最大值,如图 5.7 所示。

第二步,拖动 A 参数的最大值和最小值通道上的指针,尽量消除非红色像素点,排除其余颜色的干扰。同样,在拖动各 A 参数滑块时要注意保证其中的最小值不能大于最大值,如图 5.8 所示。

第三步,继续拖动各 B 参数的最大值和最小值通道上的指针,尽量消除非红色像素点,得到最好的效果。同样,在拖动各 B 参数滑块时要注意保证其中的最小值不能大于最大值。如图 5.9 所示,图中很好地实现了对红色色块的跟踪。

如果最后一步也不能在右上的色块跟踪区内很好地呈现出被跟踪的白

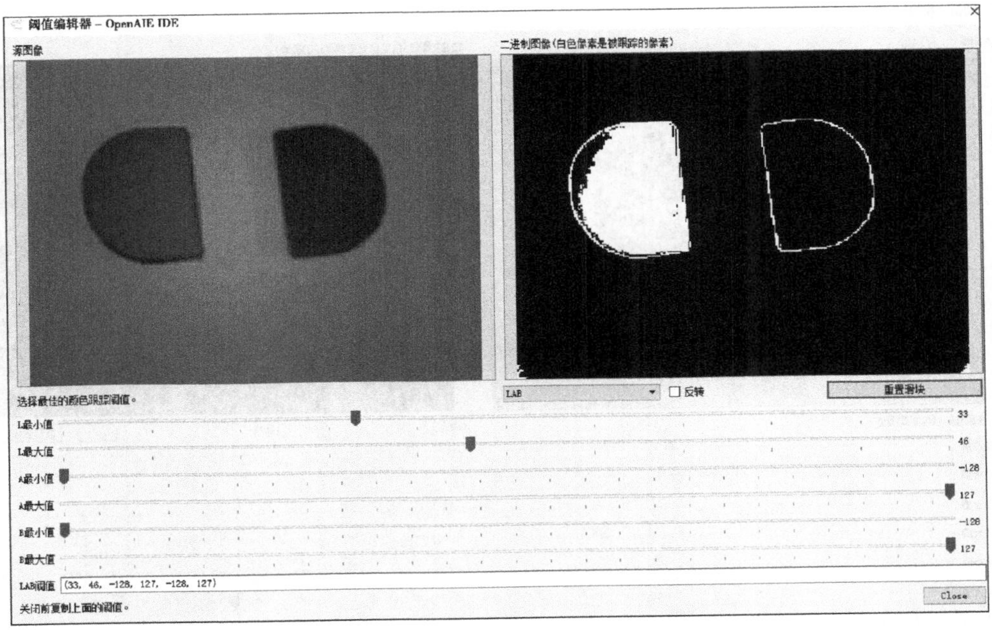

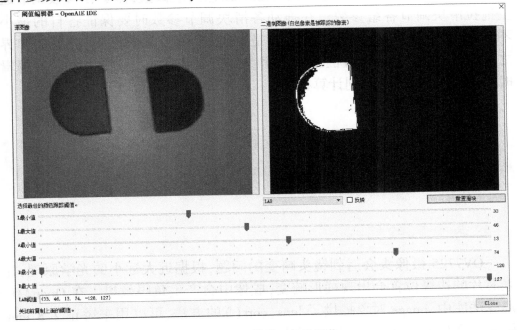

图 5.7　Lab 模型 L 参数调节

色色块,这种情况下就需要对各组参数通道进行微调,最终在色块跟踪区内得到与源色块高度吻合的白色色块。此时,操作界面中 Lab 阈值栏里显示的一组参数(29,47,5,72,31,62),就是源图像中红色的最佳 Lab 阈值参数。把这种参数保存下来,以便在 Python 程序中进行调用。

图 5.8　Lab 模型 A 参数调节

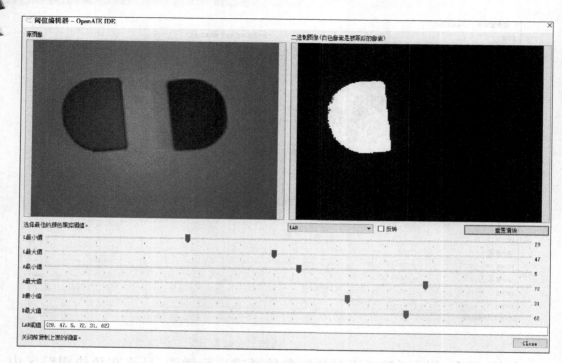

图 5.9 Lab 模型 *B* 参数调节

　　总结起来,Lab 阈值参数确定过程就是选择最佳的颜色跟踪阈值的过程,也就是在色块跟踪区内得到与源色块高度吻合的白色色块,其余颜色的像素都呈现成黑色。很难一次寻找到理想的颜色阈值参数,需要在参数调节通道上拖拉滑块调节各组参数。在拖动各滑块调节参数时要保证各自的最小值不能大于最大值。最后需要注意的是,在调节阈值参数完毕,关闭操作界面之前,一定要将 Lab 阈值栏里的该组参数复制出来。否则,关闭阈值编辑器时,该组参数不会保存到计算机中。

（4）设计与实践

1）镜头畸变的校正

　　OV7725 摄像头会遇到镜头畸变的问题,根据近大远小的光学原理,在感光芯片的边缘位置会出现桶形畸变,成像中会产生鱼眼效果。在 OpenAIE 开源算法库中,image 对象提供了 lens_corr( ) 的方法,可以用来矫正 2.8 mm 焦距镜头产生的边缘畸变,具体用法:image. lens_corr([strength = 1. 8 [, zoom =

1.0]])用来进行镜头畸变校正,去除镜头造成的图像鱼眼效果。其中,strength 是一个浮点数,该值确定了对图像进行去鱼眼效果的程度。在默认情况下,首先试用取值1.8,然后调整这一数值使图像显示最佳效果。zoom 是对图像进行缩放的数值,默认值为1.0。经过反复试验,AIE 控制板上摄像头的去畸变参数设置为1.3 较为适宜。

2)形状追踪

计算机视觉开源库中提供有 image. find_circles([roi[,x_stride = 2[,y_stride = 1[,threshold = 2000[,x_margin = 10[,y_margin = 10[,r_margin = 10]]]]]]])方法,使用霍夫变换在图像中查找圆。返回一个 image. circle 对象列表。在 find_circles 方法中,roi 用来指定进行形状追踪的矩形区域(x,y,w,h)。x_stride 是霍夫变换时需要跳过的 x 像素的数量。y_stride 是霍夫变换时需要跳过的 y 像素的数量。threshold 控制从霍夫变换中监测到的圆。只返回大于或等于 threshold 的圆。

对图像进行圆形检测的例程如下:

```
import sensor,image,time
    clock. tick()
    img = sensor. snapshot(). lens_corr(1.8)
    for c in img. find_circles(threshold = 2500,x_margin = 10,y_margin =
10,r_margin = 10,
                    r_min = 2,r_max = 100,r_step = 2):
        area = (c.x() - c.r(),c.y() - c.r(),2 * c.r(),2 * c.r())
```

3)通过像素统计进行颜色检测

计算机机器视觉开源库中提供 image. get_statistics([thresholds[,invert = False[,roi[,bins[,l_bins[,a_bins[,b_bins]]]]]]])方法,用于计算 roi 中每个颜色通道的平均值、中值、标准偏差、最小值、最大值、下四分值和上四分值,并返回一个数据对象。也可以使用 image. get_stats 来调用这一方法。如果传递 thresholds 列表,则直方图信息将仅从阈值列表中的像素计算得出。

thresholds 必须是元组列表。[(lo,hi),(lo,hi),...,(lo,hi)]定义所要追踪的颜色范围。对于灰度图像,每个元组需要包含两个值:最小灰度值和最大灰度值。对于 RGB565 图像,每个元组需要有 6 个值($l\_lo,l\_hi,a\_lo,a\_hi,b\_lo,b\_hi$),分别是 Lab 模型的 L、A 和 B 通道的最小值和最大值。如果元组大于 6 个值,则忽略其余值。相反,如果元组太短,则假定其余阈值处于最大范围。

Invert 是反转阈值操作,像素在已知颜色范围之外进行匹配,而非在已知颜色范围内。

roi 是感兴趣区域的矩形元组(x,y,w,h),即操作范围仅限于 roi 区域内的像素。如果未指定,roi 即整个图像的图像矩形。

bins 和其他 bin 是用于直方图通道的箱数。对于灰度图像,使用 bins,对于 RGB565 图像,使用其他每个通道。每个通道的 bin 计数必须大于 2。默认情况下,直方图将具有每个通道的最大 bin 数。

利用 get_statistics 统计的方法,可以计算出指定区域内占面积最大的颜色。对给定区域进行颜色追踪的程序代码如下:

```
import sensor,image,time

        #area 为识别到的圆的区域,即圆的外接矩形框
        statistics = img.get_statistics(roi = area)#像素颜色统计
        print(statistics)
```

#(35,72,9,80,20,72)为红色的阈值。检测时,当区域内的众数(也就是最多的颜色),范围在这个阈值内,就说明是红色的圆。

#(53,77, -56, -3, -7,63)为绿色阈值

#(30,82, -29,39, -85, -3) 为蓝色阈值

#l_mode( )、a_mode( )、b_mode( )分别是 L 通道、A 通道、B 通道的众数。

```
        if 35 < statistics.l_mode( ) <72 and 9 < statistics.a_mode( ) <80
and 20 < statistics.b _mode( ) <72:
                #识别到的红色圆形用红色的圆框出来
                img.draw_circle(c.x( ),c.y( ),c.r( ),color = (255,0,
0))
                elif 53 < statistics.l_mode( ) <77 and -56 < statistics.a_mode( )
< -3 and -7 < statistics.b_mode( ) <63 :
                #识别到的绿色圆形用绿色的圆框出来
                img.draw_circle(c.x( ),c.y( ),c.r( ),color = (0,255,
0))
                elif 30 < statistics.l_mode( ) <82 and -29 < statistics.a_mode( ) <
39 and -96 < statistics.b_mode( ) < -3 :
                #识别到的蓝色圆形用蓝色的圆框出来
```

```
                img. draw_circle(c. x(), c. y(), c. r(), color = (0,0,
255))
            else:
                #将非红绿蓝色的圆用白色的矩形框出来
                img. draw_rectangle(area, color = (255,255,255))
```

4) Python 编程及实现

集成以上各阶段的编程过程,编写出完整的目标追踪 Python 程序,写入 AIE 控制板中,观察目标追踪效果。同时实现红绿蓝三种颜色追踪的完整程序参考如下:

```
import sensor,image,time

sensor. reset()
sensor. set_pixformat(sensor. RGB565)
sensor. set_framesize(sensor. QQVGA)
sensor. skip_frames(time = 2000)
sensor. set_auto_gain(False)          # 颜色及形状目标追踪时必须
                                         关闭自动增益
sensor. set_auto_whitebal(False)      # 颜色及形状目标追踪时必须
                                         关闭白平衡

clock = time. clock()

while(True):
    clock. tick()
    img = sensor. snapshot(). lens_corr(1. 3)    #进行镜头畸变校正,去
除图像中的鱼眼效应;
        for c in img. find_circles(threshold = 2500, x_margin = 10, y_margin =
10, r_margin = 10,
            r_min = 2, r_max = 100, r_step = 2):    #找出所有圆形;
            area = (c. x() - c. r(), c. y() - c. r(), 2 * c. r(), 2 * c. r())
            #area 为识别到的圆的区域,即圆的外接矩形框;
            statistics = img. get_statistics(roi = area)    #像素颜色统计
```

print(statistics)

#(35,72,9,80,20,72)红色阈值

#(53,77,−56,−3,−7,63)绿色阈值

#(30,82,−29,39,−85,−3)蓝色阈值

#l_mode( ),a_mode( ),b_mode( )是 L 通道,A 通道,B 通道的众数。

#检测时,当区域内的众数(也就是最多的颜色)范围在这个阈值内,就说明是该色的圆。

if 35 < statistics.l_mode( ) <72 and 9 < statistics.a_mode( ) <80 and 20 < statistics.b_mode( ) <72:

　　#识别到的红色圆形用红色的圆画出来

　　　　img.draw_circle(c.x( ),c.y( ),c.r( ),color = (255,0,0))

　　elif 53 < statistics.l_mode( ) <77 and −56 < statistics.a_mode( ) < −3 and −7 < statistics.b_mode( ) <63 :

　　　　#识别到的绿色圆形用绿色的圆画出来

　　　　img.draw_circle(c.x( ),c.y( ),c.r( ),color = (0,255,0))

　　elif 30 < statistics.l_mode( ) <82 and −29 < statistics.a_mode( ) < 39 and −96 < statistics.b_mode( ) < −3:

　　　　#识别到的蓝色圆形用蓝色的圆画出来

　　　　img.draw_circle(c.x( ),c.y( ),c.r( ),color = (0,0,255))

　　else:

　　　　#将非红绿蓝色的圆用白色的矩形框出来

　　　　img.draw_rectangle(area,color = (255,255,255))

print("FPS %f" % clock.fps( ))

程序运行情况如图 5.10 所示,(a)中右上区域显示出了摄像头捕捉到的视频图像,其中迭加显示了实时检测识别出的目标区域;(b)为检测到的各个圆形及色块辨别。

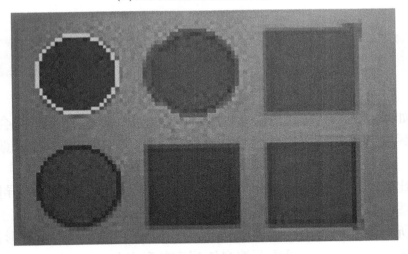

（a）圆形及颜色检测程序运行情况

（b）检测到的各个圆形及色块辨别

图 5.10 程序运行结果

（5）测试、验证及完善

完成以上 Python 程序的编写后，上传到 AIE 控制板。运行程序时，如果提示有语法错误，需要逐一进行修改。程序运行过程中，参考以下经验对遇到的问题进行改进：

①目标跟踪过程会频繁移动摄像头，会造成 TypeC 连接线接触不良，导致 AIE 控制板连接中断。此时，点击连接按钮重新连接即可继续调试程序。

②如果参照先验知识给定的颜色阈值运行情况不理想，可以利用阈值编辑器 threshold editor 进行色块的阈值设定，利用新的阈值进行像素统计，观察程序执行结果。

③如果视频显示区显示出的视频图像清晰，矩形及圆形色块都清晰可见，程序却没有正确识别出这些形状及颜色，则要检测阈值参数是否正确，以及检查相关程序代码是否有误。

（6）分析与思考

①如果利用 get_statistics 函数进行颜色检测的效果不理想，会有哪些原因？实际视频采集环境对此会有什么影响吗？请加以分析，提升颜色追踪的效果。

②比较利用 find_blobs 和 get_statistics 方法进行颜色检测的异同之处，思考各自适合哪些应用场合？编写 Python 程序进行尝试。

③所提供案例利用 get_statistics、find_circles 方法，先搜寻圆形目标，再分辨圆形区域的颜色。如果需要搜寻矩形和某种色块，应该如何设计程序？

④更进一步的需求，如果需要同时对圆形与矩形，以及红绿蓝颜色进行追踪？请设计出解决流程，并尝试编程解决。

通过本次项目实践,推动形状自动追踪检测技术在智能校园中的进一步应用。图5.11 就是一个具有颜色、形状目标追踪功能的机器人装置,它包括2 个舵机控制系统,实现摄像头云台的功能,可以驱动摄像头在水平和垂直两个方向转动。根据事先设定的颜色阈值,它可以识别前方特定颜色的物品,并跟随目标物体而运动。这样的原型系统可否应用在学校安全防护、学生健康、智慧校园等方面? 提出你的创新设计方案,并针对原型进行编程实践。

图 5.11　具有颜色、形状目标追踪功能的机器人装置

项目6

基于边缘与角点检测的图像匹配

　　无人机具有起降快速、操控方便、结构轻便、飞行灵活、经济性好等突出优点，在生活中得到了广泛应用。航拍已成为无人机的主流应用，不仅应用在个人摄影、旅游中，还大量应用于大型公共活动、环境监测、资源调查、灾害防范、城市管理等公共事业中（图6.1）。

图6.1　无人机航拍

　　无人机航拍得到的图像，往往需要进行图像比对、拼接、整合等图像配准工作。应用图像配准技术的一般流程：首先对两幅图像进行特征提取得到特征点，再通过进行相似性度量找到匹配的特征点对，然后通过匹配的特征点对得到图像空间坐标变换参数，最后由坐标变换参数进行图像配准。其中，特征提取是配准技术中的关键，寻找准确性高的特征提取方法将为特征匹配的成功提供保障。

　　①了解图像特征检测与配准技术的基本原理、相关算法和应用框架；
　　②掌握运用人工智能开源硬件设计智能应用系统的方法，掌握 Python 语

言的编程方法；

③应用人工智能开源硬件和 Python 相关算法模块，设计图像匹配功能；

④针对生活应用场景，进一步开展创意设计，设计具有实用价值的图像匹配应用系统。

（3）知识准备

图像特征匹配技术主要包括 3 个方面，即特征检测、特征描述和特征匹配。其中，特征检测过程主要是利用各种特征检测子提取出图像中比较明显的形状特征、纹理特征等。特征描述则是确定表征图像特征信息的向量，也就是将从图像区域提取的特征信息，按照一定的计算、存储规则转换为特征描述子信息结构。最后，不同图像中的多个特征有着一定的关联，通过欧氏距离或者汉明距离进行特征匹配。

1）图像特征提取

图像特征包括颜色特征、纹理特征、形状特征以及局部特征点等。局部特征点是图像特征的局部表达，反映图像上具有的局部特殊性，适合于对图像进行匹配、检索等应用。全局特征容易受到环境的干扰，光照、旋转、噪声等不利因素都会影响全局特征。相比而言，局部特征点，往往对应着图像中的一些线条交叉、明暗变化的区域，受到的干扰也少。

斑点与角点是两类局部特征点。斑点通常是指与周围有着颜色和灰度差别的区域，如树上的红苹果。角点则是图像中一边物体的拐角或者线条之间的交叉部分。斑点是一个区域，它比角点的抗噪能力要强，稳定性要好。

斑点检测的方法主要包括利用高斯拉普拉斯算子检测的方法（LoG），以及利用像素点 Hessian 矩阵及其行列式值的方法（DoH）。无论是 LoG 还是 DoH，它们对图像进行斑点检测的步骤都可以分成两步：先按照各自的模板对图像进行卷积运算，然后在图像的位置空间与尺度空间中搜索 LoG 与 DoH 响应的峰值。

角点检测的方法很多，其中具有代表性的算法是 Harris 算法与 FAST 算法。在实际工作中，特征检测过程常常利用各种特征检测子提取出图像中比较明显的形状特征、纹理特征等，特别是二进制特征检测子。

2）角点检测 FAST 与 AGAST 方法

根据 FAST 算法提出者 Rosten 等人的定义：若某像素与其周围邻域内足够多的像素点相差较大，则该像素可能就是 FAST 角点。FAST 算法包含以下主要步骤：

①对固定半径圆上的像素进行分割测试，通过逻辑测试可以去除大量的非特征候选点。

②基于分类的角点特征检测，ID3 分类器根据 16 个特征判决候选点是否为角点特征，每个特征的状态为 $-1,0,1$。

③利用非极大值抑制进行角点特征的验证。

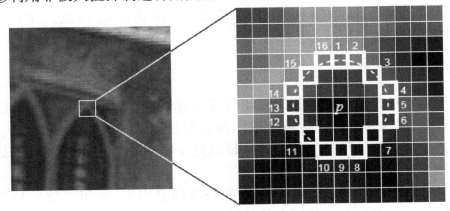

图 6.2　FAST 算法固定半径的圆形模板

总结起来，FAST 算法先比较中间点与固定半径圆模板经过的连续的 12 或 9 个像素点的灰度值，若有连续 12 或 9 个邻域像素值都大于或都小于中心像素点，则认为是候选特征点（图 6.2）。然后用 ID3 信息增益算法进行决策树的训练。最后，通过定义特征点响应函数进行角点的非极大值抑制，配合金字塔模型，对不同尺度的图像进行特征点检测。

AGAST 检测算子主要应用了模式为 FAST9-16 的检测算子，分别使用相同阈值 T 对各个图像组以及内插组来对关键点进行提取与检测，即在提取的关键点周围 16 个圆环点中至少存在 9 个连续的点，这 9 个连续的点一定要与中心点的像素值不同。对满足条件的关键点进行提取，并应用非极大值抑制方法来去除不稳定的特征点。

3）角点检测实现过程

生活中，图像匹配技术可以应用在图像检测、图像拼接、特征识别、目标跟踪等很多场合。其中，角点匹配是图像匹配技术的典型应用。所谓角点匹配,是指寻找两幅图像之间的特征像素点的对应关系,从而确定两幅图像的位置关系,方便后续的图像拼接、鉴别等工作。

角点匹配可以分为以下4个步骤:

①提取检测子。在两张待匹配的图像中寻找那些最容易识别的像素点(角点),比如纹理丰富的物体边缘点等。

②提取描述子。对于检测出的角点,用一些数学上的特征对其进行描述,如梯度直方图、局部随机二值特征等。检测子和描述子的常用提取方法有 SIFT、HARRIS、SURF、FAST、AGAST、BRISK、FREAK、ORB 等。

③匹配。通过各个角点的描述子来判断它们在两张图像中的对应关系,常用方法有 FLANN。

④去外点。去除错误匹配的外点,保留正确的内点。常用方法有 RANSAC,GTM。

4)图像特征描述

图像特征描述过程首先定义出特征描述子,然后计算出表征特征信息的向量,也就是决定在特征区域提取图像的哪些信息,按照一定的计算、存储规则转换为特征描述信息。传统的特征描述子需要进行大量的浮点数运算,并且存储为高维度的特征向量。

二进制特征描述的方法从图像的强度信息出发,采用二值的特征向量,不需要先计算出复杂的特征向量然后优化,描述阶段算法的时间空间性能都高于其他种类的特征方法。在特征匹配阶段可以使用汉明距离进行匹配,只需要简单地执行异或操作就可以,简洁而且快速,会大幅简化计算过程。

二进制特征描述特别适用于对于计算和存储资源有限的嵌入式应用环境,应用广泛的二进制特征描述子有 BRIEF、ORB、BRISK 和 FREAK 等。

①二进制特征 BRIEF。BRIEF(Binary Robust Independent Elementary Features)是 Calonder 等人在 2010 年提出的,也是二进制描述方法中最简单的一种。BRIEF 基于强度差异测试,具有节约内存、计算和匹配高效等优点,可以与 Cen Sure、FAST 等其他特征点检测子配合使用。

BRIEF 方法用少量的强度对比点对就可以表征图像块,构造简单并且节约空间,具有很低的计算和存储要求。BRIEF 方法的二进制特征可以通过计算机的异或操作(XOR)快速地计算出描述子之间的汉明距离,进而通过汉明距离判断图像间的相似性。

BRIEF 算法的主要思想:在特征点周围邻域内选取若干个像素点对,通过对这些点对的灰度值比较,将比较的结果组合成一个二进制串字符串用来描述特征点,然后使用汉明距离来计算在特征描述子是否匹配。

在图像识别工作中,BRIEF 测试结果可以用来训练随机分类树或者贝叶斯分类器,应用于识别不同视角的图像块。不同于 SIFT 和 SURF 等方法,BRIEF 没有计算特征点的方向,因此不具有图像的旋转不变性;此外,还有对噪声敏感、不具备尺度不变性等缺陷。

②二进制特征 ORB。ORB(Oriented FAST and Rotated BRIEF)是对 BRIEF 描述子的改进,具体来说是针对 BRIEF 对噪声敏感和不具有旋转不变性这两个缺点进行改进。

ORB 可以分为两部分,分别是有方向的 FAST(oFAST)和旋转敏感的 BRIEF(rBRIEF)。在 oFAST 过程中,首先使用 FAST 检测子,检测特征点的位置。为了找到稳定的特征点,使用 FAST 方法比较一个圆形区域:以圆心像素点为圆心,比较围绕这一圆心的圆周上的部分点。如果能够找到足够的临近点都大于或者都小于圆心点像素,那么这个中心点就是特征点。FAST 检测子只需要一个参数,就是中心像素点和圆环上的像素点的强度阈值。由于 FAST 特征点会有强烈的边缘反应,可以使用 Harris 角点方法消除边缘效应,通过 Harris 角点检测对候选特征点排序,选取前 n 个最好的特征点。由于 FAST 方法不会产出多尺度的特征,可以在图像的尺度分层金字塔中,对每一个尺度分别进行以上的 FAST 操作,计算出每个尺度的特征点。

通过强度矩心的方法,计算出特征点的方向。首先假定角点的强度矩心是偏离其中心的,因此从中心点到矩心的方向向量可以用来定义特征点方向。不同于 SIFT 方法,ORB 特征点的方向由梯度直方图的最大值和次大值来决定。

ORB 算法使用 FAST 进行特征点检测,然后用 BRIEF 进行特征点的特征描述。由于 BRIEF 并没有特征点方向的概念,所以 ORB 在 BRIEF 基础上引入了方向的计算方法,并在点对的挑选上使用贪婪搜索算法,挑出了一些区分性强的点对用来描述二进制串。

5)二进制特征的应用方法

二进制特征作为一种图像局部不变特征,在应用过程中与其他局部不变特征过程类似,即包括特征检测、特征描述和特征匹配环节。

第一步,特征检测。这个过程中,BRIEF 可以搭配其他特征检测子一起使用,比如 FAST 检测子。ORB 同样使用 FAST,而 BRISK 和 FREAK 则一般使用 AGAST 检测子配合。

第二步,特征描述。这个过程中,针对选取的图形块,每个特征方法会有自己的采样模型,选取固定数量的强度对比点对,从而产生二进制的描述子,BRIEF 通常会选取随机的正态分布,ORB 在随机的基础上,增加了一些学习训练,BRISK 和 FREAK 同样采用了对称圆形,在模糊处理后的区域上,BRISK 的采样区间没有重复,FREAK 则根据生物的视觉特性,有重复。

第三步,特征匹配。这个过程采用汉明距离作为特征的距离评测指标,进行特征匹配。

几种二进制特征的特征提取、描述和匹配具有相同的特性,通用过程如下:

①根据一定的采样模型,选取强度比较点对。

②每一个点对的比较结果就是描述子的每一位。

③构造出整个二进制描述子。

④通过描述子之间的汉明距离来判断相似度,进行匹配。

二进制特征方法的应用流程如图 6.3 所示。

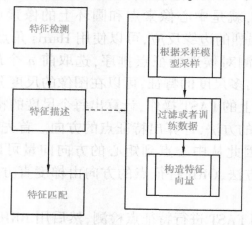

图 6.3   二进制特征方法的应用流程

6) 图像匹配基本方法

不同图像的各个特征可能存在着关联,通过欧氏距离或者汉明距离测度可以来比较这些特征,进而匹配这些特征。高维度的图像特征一般通过欧氏距离作为评判参数,二进制特征由于其结构简洁,一般都是使用汉明距离进行评判。

很多开源计算机视觉库都提供了特征匹配算法,常用的特征匹配方法有暴力匹配和快速最近邻搜索包算法 FLANN。Open CV 库提供有暴力匹配子 BFMatcher,距离可以使用欧式距离和汉明距离。对于二进制特征一般使用汉明距离,通过简单的异或操作计算距离,对于计算资源要求低,运行速度快。

①欧氏距离。欧几里得度量（Euclidean Metric）（也称欧氏距离）是一个通常采用的距离定义，指在 n 维空间中两个点之间的真实距离，或者向量的自然长度（即该点到原点的距离）。n 维空间的欧氏距离计算公式：

$$d(x,y) := \sqrt{(x_1 - y_1)^2 + (x_2 - y_2)^2 + \cdots + (x_n - y_n)^2} = \sqrt{\sum_{i=1}^{n}(x_i - y_i)^2}$$

(6.1)

②汉明距离。汉明距离表示两个（相同长度）字对应位不同的数量，我们以 $d(x,y)$ 表示两个字 x,y 之间的汉明距离。对两个字符串进行异或运算，并统计结果为 1 的个数，那么这个数就是汉明距离。比较两个比特串有多少个位不一样，简洁的操作时就是两个比特串进行异或之后包含 1 的个数。汉明距在图像处理领域也有着广泛的应用，是比较二进制图像非常有效的手段。

汉明距离的本质是两个数异或后字符"1"的个数，可以直接使用异或实现。可以编写 Python 函数如下：

```python
def hammingDistance(self, x: int, y: int) -> int:
    return bin(x^y).count('1')
```

设计与实现

1）摄像头参数设置及控制

在计算机视觉开源库中，提供 Python 语言编写的 Sensor 对象用于设置摄像头的工作参数。基于边缘与角点检测的图像匹配应用中，编程设置摄像头的工作参数需要注意如下：

```python
# 设置摄像头工作参数
sensor.reset()                      #初始化摄像头组件;
sensor.set_contrast(3)              #设置图像对比度,取值范围为 -3 至 +3;
sensor.set_gainceiling(16)          #设置图像增益上限,取值范围为:2,4,8,
                                      16,32,64,128;
sensor.set_framesize(sensor.QVGA)   #设置分辨率为 QVGA(320×240);
sensor.set_windowing((320,240))     #将相机的分辨率设置为当前分辨
                                      率的子分辨率 320×240;
sensor.set_pixformat(sensor.GRAYSCALE)  #设置像素模式为 8-bits per
```

pixel;

　　sensor. skip_frames(time = 2000)　　　　　#跳过若干帧,等待摄像头组件
　　　　　　　　　　　　　　　　　　　　　　　　　　　的稳定;
　　sensor. set_auto_gain(False,value = 100)　　#使用目标追踪算法时,关闭自
　　　　　　　　　　　　　　　　　　　　　　　　　　　动增益。

　　摄像头参数设置完成后,就可以编程控制摄像头的工作,如视频拍摄、获取图像帧、跳过若干帧等。摄像头参数设置及控制过程参见项目2中相关内容和编程方法。

2) 特征提取的实现

　　计算机视觉开源库中提供 image. find_keypoints([roi[,threshold = 20[, normalized = False[,scale_factor = 1.5[,max_keypoints = 100[,corner_detector = image. CORNER_AGAST]]]]]])方法,可以从 ROI 元组(x,y,w,h)中提取 ORB 键点。可以使用 image. match_descriptor 函数来比较两组关键点,以获取匹配区域。若未发现关键点,则返回 None。

　　其中,roi 是搜索区域的矩形元组(x,y,w,h)。如果未指定,roi 即整个图像矩形区域,搜索操作范围仅限于 roi 区域内的像素。

　　threshold 是控制提取的数量的参数(取值 0 ~ 255)。对于默认的 AGAST 角点检测器,该值应在 20 左右。对于 FAST 角点检测器,该值为 60 ~ 80。阈值越低,提取的角点会越多。

　　normalized 是布尔值。若为 True,在多分辨率下关闭提取键点。若编程者不关心处理扩展问题,且希望算法运行更快,可将之设置为 True。

　　scale_factor 是一个必须大于 1.0 的浮点数。较高的比例因子会使运行更快,但图像匹配相应较差。理想值介于 1. 35 ~ 1. 5。max_keypoints 是特征点对象所能容纳的特征点最大数量。若特征点对象过大会导致内存不足,应用时可以降低该值。corner_detector 是从图像中提取特征点所使用的角点检测器算法,可以是 image. CORNER_FAST 或 image. CORNER_AGAST。FAST 角点检测器运行速度更快,但其准确度较低。

　　find_keypoints 函数的默认用法是 find_keypoints(max_keypoints,thresholds,normalized = True)。设置好图形匹配应用的摄像头视频采集工作参数,即可在指定的图像区域内启动图像特征提取过程,Python 编程方法如下:

　　img. find_keypoints(max_keypoints = 150,threshold = 10,normalized = True)

3）图像匹配的实现

计算机视觉开源库中提供 image. match_descriptor(descriptor0 , descriptor1 [, threshold = 70[, filter_outliers = False]]) 方法。对于 LBP 描述符来说，这个函数返回的是一个体现两个描述符之间区别的整数。这一距离测度尤为必要。这个距离是对相似度的一个度量。这个测度值越接近 0, LBPF 特征点匹配得就越好。对于 ORB 描述符来说，函数返回的是 kptmatch 对象。

threshold 是用来为 ORB 键点过滤不明确匹配服务的。一个较低的 threshold 值将紧扣特征点匹配算法。threshold 值位于 0 ~ 100（int），默认值为 70。filter_outliers 是用来为 ORB 特征点过滤异常值服务的。特征点允许用户提高 threshold 值，默认设置为 False。

4）Python 编程及实现

集成以上各阶段的编程过程，编写出完整的图像匹配 Python 程序，写入 AIE 控制板中，观察目标追踪效果。基于边缘与角点检测进行图像匹配的完整程序参考如下：

```
import sensor , time , image
from openaie import  *

sensor. reset( )
sensor. set_contrast( 3 )
sensor. set_gainceiling( 16 )
sensor. set_framesize( sensor. QVGA )
sensor. set_windowing( ( 320 , 240 ) )#320 * 240
sensor. set_pixformat( sensor. GRAYSCALE )
sensor. skip_frames( time  = 2000 )
sensor. set_auto_gain( False , value = 100 )

def draw_keypoints( img , kpts ) :
    if kpts :
        print( kpts )
        img. draw_keypoints( kpts )
        img  =  sensor. snapshot( )
```

```
        kpts1 = None
        kpts2 = None
        clock = time.clock()

        while(True):
            clock.tick()
            img = sensor.snapshot()
            if button.is_pressed():            #检测到按键按下
                time.sleep(10)                 # 延时消抖
                if button.is_pressed():        #按键按下,即可寻找按下按键之前寻
                                                找过特征点的图像
                    kpts2 = img.find_keypoints(max_keypoints=150,threshold=
10,normalized=True)
                    if(kpts2):
                        match = image.match_descriptor(kpts1,kpts2,thresh-
old=100)#85
                        if(match.count()>15):#10S
                            led.red.on()
                            led.green.on()
                            led.blue.on()
                            img.draw_rectangle(match.rect(),threshold=90)
                            img.draw_cross(match.cx(),match.cy(),size=
10)
                            print(kpts2,"matched:%d dt:%d"%(match.count
(),match.theta()))
            else:   #没有按键按下时一直找图像中的特征点
                #第一次找当前图像中心区域的特征点
                led.red.on()
                led.green.on()
                led.blue.on()
                kpts1 = img.find_keypoints(max_keypoints=150,threshold=10,
scale_factor=1.25)
                draw_keypoints(img,kpts1) #color=(255,0,0)
            img.draw_string(0,0,"FPS:%.2f"%(clock.fps()))
```

完整的程序运行界面如图6.4所示,(a)中显示的是特征提取情况,对特征点进行了标识,(b)中显示的是特征匹配情况,匹配上的物体也予以标识。

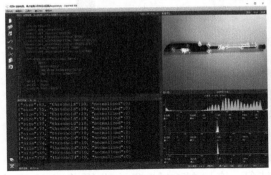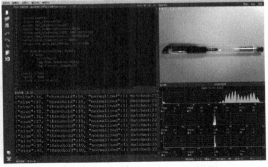

(a)镜头中物体的特征提取情况　　　　　　　(b)镜头中物体的特征匹配情况

图6.4 程序运行结果

上述例程中,通过按键来进行流程控制。先提取镜头中物体的图像特征,保持在内存中;按下键后,启动匹配过程,标识出与内存中特征匹配的物体。利用该例程,可以进一步开展物体匹配实验,验证检测效果。

实验过程及程序运行结果如下:

图6.5显示了实验中用到的两支笔,实验中对上方的黑笔提取特征,下方的笔仅做测试样本。图6.6为对黑笔提取特征的情况,图像匹配结果如图6.7所示。

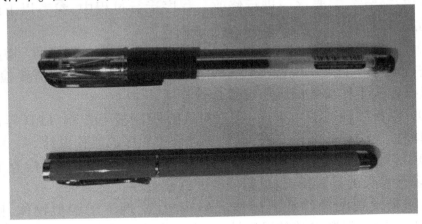

图6.5 实验中用到的两支笔

图6.6 对黑笔提取特征的情况

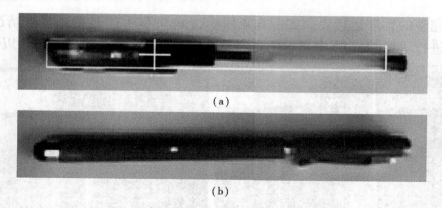

(a)

(b)

图 6.7　图像匹配结果

实验中,由于事先对黑笔提取了特征,将黑笔红笔都放进摄像头视野中时,程序会根据汉明距离计算,自动检测出特征相似的黑笔。

（5）调试、验证及完善

完成以上 Python 程序的编写后,上传到 AIE 控制板。运行程序时,如果提示有语法错误,需要逐一进行修改。程序运行过程中,参考以下经验对遇到的问题进行改进:

①计算图像的边缘与角点特征时,需要对摄像头的对比度、增益等工作参数进行设置。如果发现特征检测或图像匹配效果不佳,则需要检查 Sensor 对象里摄像头工作参数的程序设置是否合适。

②可以单独编写剪短程序,实现对 AIE 控制板上按键、LED 等部件的控制。掌握板上按键的编程方法,有利于进行主程序的流程设计。

③如果发现特征点检测情况不理想,偏少或偏多,则要检查 find_keypoints 函数参数的设置情况,进行修改并观察程序执行结果。

④如果发现图像特征匹配情况不理想,发现不了相似物体,则要检查 match_descriptor 函数参数的设置情况,进行修改并观察程序执行结果。

（6）分析与思考

①比较欧氏距离与汉明距离的异同。自行编写一个 Python 函数,实现对

二进制图像特征的匹配。

②项目 5 中介绍了利用阈值编辑工具自行设置颜色模型参数的方法,可否利用本项目提取物体特征参数的方法,将某种物体的特征参数保存成特征模板文件,方便后续应用的使用。

③针对某种应用场景,例如文具盒里的铅笔、橡皮、圆规、尺子等,可否利用事先存储的各种文具的特征模板,实时发现出现在视频场景中的多种文具,请编程尝试一下。

④find_keypoints 方法默认的是启用 AGAST 角点检测,请选用 FAST 角点检测方式,观察程序运行速度以及匹配准确度方面有何不同?

项目7 轨迹跟踪与拟合

问题的提出

近年来,服务机器人不断应用在银行、酒店、餐厅、展览馆等公共服务场所,代替人工为人们提供各种服务。它们形似人,功能多样,智能性强,不仅可以在餐厅送菜、在展览馆迎宾、在银行服务客户,还能在安静的场所与客人进行固定词条的语音交互。

服务机器人一般具有巡航功能,可以按照事先规划好的线路巡线行走;具有 RFID 标签识别功能,能识别贴在指定位置或指定物品上的标签,判别预设的工作点或者进行相关的讲解介绍;具有紧急避障功能,在机器人前进路线上出现人和物体后,机器人会紧急停止,并等障碍物消失后恢复继续行走,防止触碰人和物体;具有语音识别及语音交互功能,能在安静的场所中识别人的说话,与人们进行固定词条的语音交互等。

图 7.1 是能够提供送餐服务的餐饮服务机器人,它可以按照餐厅内有黑线标记的轨迹来回行走,到达送餐的餐桌,通过语音交互与客户交流。机器人身上的传感器可以判断前方是否有障碍物,决定是否暂停运动。机器人身上的专门设计有红外或视觉传感器用来实时识别地面上的黑线轨迹,通过 PID 算法,对运动速度和方向进行比例、积分、微分控制,实现巡线功能。

图 7.1　服务机器人的巡线导航方式

（2）任务与目标

①了解轨迹跟踪技术的基本原理、相关算法和应用框架；

②掌握运用人工智能开源硬件设计智能应用系统的方法，掌握 Python 语言的编程方法；

③应用人工智能开源硬件和 Python 相关算法模块设计轨迹跟踪功能；

④针对生活应用场景，进一步开展创意设计，设计具有实用价值的轨迹跟踪应用系统。

（3）知识准备

1）相关分析与回归分析

在监督学习中，如果预测的变量是离散的，我们称其为分类（如决策树，支持向量机等），如果预测的变量是连续的，我们称其为回归。

①相关分析。相关分析是研究两个或两个以上处于同等地位的随机变量间的相关关系的统计分析方法，它是描述客观事物相互间关系的密切程度并用适当的统计指标表示出来的过程。

相关分析研究的是现象之间是否相关、相关的方向和密切程度。为了确定相关变量之间的关系，首先应该收集一些数据，这些数据应该是成对的。当自变量取某一值时，因变量对应为一概率分布，如果对所有的自变量取值的概率分布都相同，则说明因变量和自变量是没有相关关系的。反之，如果自变量的取值不同，因变量的分布也不同，则说明两者是存在相关关系的。

②回归分析。回归分析（Regression Analysis）是确定两种或两种以上变量间相互依赖的定量关系的一种统计分析方法，它根据对因变量与一个或多个自变量的统计分析，建立起因变量和自变量的关系。回归分析运用十分广泛，按照涉及的变量的多少，分为一元回归和多元回归分析；按照自变量和因变量之间的关系类型，可分为线性回归分析和非线性回归分析。

③相关分析与回归分析。相关分析研究的是现象之间是否相关、相关的

方向和密切程度,而回归分析则要分析现象之间相关的具体形式,确定其因果关系,并用数学模型来表现其具体关系。在相关分析中,所讨论的变量的地位一样,分析侧重于随机变量之间的种种相关特征。然而在回归分析中,所关心的是一个随机变量 Y 对另一个(或一组)随机变量 X 的依赖关系的函数形式。

一般来说,回归分析是通过规定因变量和自变量来确定变量之间的因果关系,建立回归模型,并根据实测数据来求解模型的各个参数,然后评价回归模型是否能够很好地拟合实测数据;如果能够很好拟合,则可以根据自变量做进一步预测。

2) 一元线性回归与最小二乘法估计

在回归分析中,如果只包括一个自变量和一个因变量,且两者的关系可用一条直线近似表示,这种回归分析称为一元线性回归分析。如果回归分析中包括两个或两个以上的自变量,且因变量和自变量之间是线性关系,则称为多元线性回归分析。

线性回归是利用称为线性回归方程的最小二乘函数对一个或多个自变量和因变量之间关系进行建模的一种回归分析。当因变量和自变量之间高度相关时,我们就可以使用线性回归来对数据进行预测。

一元回归分析的一般式为:

$$Y = \alpha + \beta X \tag{7.1}$$

式中 Y——因变量;

X——自变量;

α 和 β——回归系数。

对于一元线性回归模型,假设从总体中获取了 n 组观察值 (X_1, Y_1),(X_2, Y_2),…,(X_n, Y_n)。对于平面中的这 n 个点,可以使用无数条曲线来拟合。最小二乘法的原则是以"残差平方和最小"确定直线位置。用最小二乘法除了计算比较方便外,得到的估计量还具有优良特性。

最小二乘法又称最小平方法,它通过最小化误差的平方和寻找数据的最佳函数匹配。利用最小二乘法可以简便地求得未知的数据,并使得这些求得的数据与实际数据之间误差的平方和为最小。最小二乘法还可用于曲线拟合。

线性回归是一种常用的预测模型建模技术。在这种建模方法中,因变量是连续的,自变量可以是连续的也可以是离散的,回归线的性质是线性的。线性回归使用最佳的拟合直线(也就是回归线)在因变量(Y)和一个或多个自变量(X)之间建立一种关系,如图7.2所示。

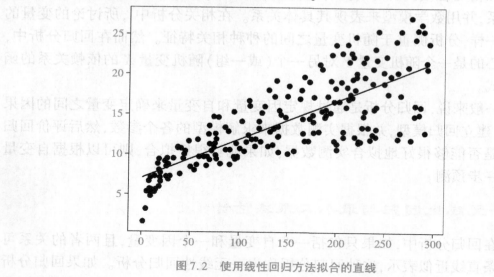

图7.2 使用线性回归方法拟合的直线

(4) 设计与实践

图7.3 计算机视觉巡道机器人是校园科技创新活动的典型项目,以往都是利用双红外传感器来寻找地面预设的黑线轨迹,识别距离很短,反应慢,视野受限,不能适应复杂的轨迹。利用计算机视觉技术可以改进这一巡道方式,摄像头安装位置较高,有较大的俯视范围,对视野范围内的轨迹线进行线性拟合,得到轨迹的中心位置,然后可以使用比例积分微分(PID)算法控制机器人的运动。

图7.3 计算机视觉巡道机器人

1）轨迹拟合的编程方法

计算机视觉开源库中提供 get_regression（）方法用来对指定的图像矩形区域里的所有阈值特征像素点进行线性回归计算。使用方法：

image. get_regression（thresholds [, invert = False [, roi [, x_stride = 2 [, y_stride = 1 [, area _ threshold = 10 [, pixels _ threshold = 10 [, robust = False]]]]]]])

get_regression（）方法中通过最小二乘法对图像区域里所有阈值像素进行线性回归计算，速度比较快，但不能处理任何异常值。若 robust 为 True，则使用 Theil-Sen 线性回归算法，它计算图像中所有阈值像素的斜率的中位数。若在阈值处理后有太多像素，即使在 80×60 的图像上，这个 $O(N^2)$ 操作也可能将 FPS 降到 5 帧以下。但是，只要阈值转换后的像素数量较少，即使在高达 30% 的阈值像素是异常值的情况下也依然会有较好的计算效果。

thresholds 必须是元组列表。[(lo, hi) , (lo, hi) , . . . , (lo, hi)] 定义设计者想追踪的颜色范围。对灰度图像，每个元组需要包含 2 个值：最小灰度值和最大灰度值。仅考虑落在这些阈值之间的像素区域。对 RGB565 图像，每个元组需要有 6 个值（l_lo, l_hi, a_lo, a_hi, b_lo, b_hi）- 分别是 Lab 中 L, a 和 b 通道的最小值和最大值。为方便使用，此功能将自动修复交换的最小值和最大值。此外，如果元组大于 6 个值，则忽略其余值；相反，如果元组太短，则假定其余阈值处于最大范围。

2）简单轨迹追踪的实现

在机器人巡道等轨迹追踪应用中，要求轨迹拟合的速度要快，可以采用小分辨率尺寸的 QQVGA 格式和灰度像素格式，减少数据空间，提高运算速度。摄像头参数设置及控制过程参见项目 2 中的相关内容和编程方法，分辨率及像素格式的设置如下：

sensor. set _ pixformat（sensor. GRAYSCALE）#设置为灰度模式，每个像素 8bit

sensor. set_framesize(sensor. QQVGA)　　　#设置帧的大小，使用 QQVGA 格式便于快速处理；

然后，利用 get_regression 方法设计快速线性回归例程，模拟巡线功能，参考代码如下：

快速线性回归（巡线）例程展示了利用 OpenAIE 摄像头使用 get_regres-

sion( )方法在 roi 区域内进行线性回归。这种方法可以应用于机器人的巡线过程。

```
# 跟踪所有指向相同的总方向但实际上没有连接的线。
# find_blobs( ),以便更好地过滤选项和控制。
# get_regression( )可以实现快速线性回归,它使用最小二乘法来拟合线。

#设置阈值(0,100),检测黑色线
THRESHOLD = (0,100)
#设置是否使用 img. binary( )函数进行图像分割
BINARY_VISIBLE = True #先做二进制分割,以便实施线性回归

import sensor,image,time

sensor. reset( )
sensor. set_pixformat( sensor. GRAYSCALE)
sensor. set_framesize( sensor. QQVGA)
sensor. skip_frames( time = 2000)
clock = time. clock( )

while(True):
    clock. tick( )
    img = sensor. snapshot( ). binary([THRESHOLD]) if BINARY_VISI-
BLE else sensor. snapshot( )

    #类似于 find_lines( )和 find_line_segments( )方法搜索出线段对象,get_
regression( )
    #函数返回回归后的线段对象 line,包括有 x1( ),y1( ),x2( ),y2( ),length
( ),theta( ),rho( ),#magnitude( )等参数。其中,theta( )表示旋转度,是线段
的角度。
    # x1、y1、x2、y2 分别代表线段的两个顶点坐标,length 是线段长度。
    #magnitude 表示线性回归的效果,它是(0,+∞)范围内的一个数字,其
中 0 代表一个圆。
    #如果场景线性回归得越好,这个值越大。
    line = img. get _ regression ([( 255, 255 ) if BINARY _ VISIBLE else
```

THRESHOLD]）

　if（line）：img. draw_line（line. line（），color = 127）

　print（"FPS % f,mag = % s" % （clock. fps（），str（line. magnitude（）） if （line） else "N/A"））

以上例程运行后,检测一条 S 形曲线,拟合出的直线如图 7.4 所示。

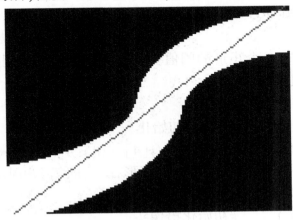

图7.4　线性拟合情况

3）复杂轨迹追踪的实现

实际应用中,图 7.4 中对整个曲线段进行线性拟合的情况实用性受限制。机器人巡线的轨迹如果是曲线,应用如图 7.4 所示的方法,追踪的角度就会较差。简明的方法是依次将曲线分段处理,每段进行线性拟合,得到对曲线的逼近,分段越细,逼近的效果越好。

import sensor,image,time,math

#设置阈值,如果是跟踪黑线,GRAYSCALE_THRESHOLD = [（0,64）]；

#如果是跟踪白线,取 GRAYSCALE_THRESHOLD = [（128,255）]；

GRAYSCALE_THRESHOLD = [（0,64）]

#每一个 roi 区域的位置参数是（x,y,w,h）。线检测算法搜索每一个 roi 区域内的最大目标块,并定位到矩心；

#靠近图像底部的 roi 区域分配最大的权值,接下来的 roi 区域依次分配越小的权值,矩心点的 x 坐标通过不同的权值平均算出。

ROIS = [# [ROI,weight]

　　　　　（0,100,160,20,0. 7），# You'll need to tweak the weights for you app

```
                (0,050,160,20,0.3),# depending on how your robot is setup
                (0,000,160,20,0.1)
            ]
```

#roi 代表 3 个取样区域,ROIS 由(x,y,w,h,weight)组成,代表左上顶点(x,y),宽高分别为 w 和 h 的矩形,weight 为当前矩形的权值。上述定义中,最下方的矩形即(0,100,160,20,0.7);

#例程中采用 QQVGA 图像,分辨率大小为 160×120。roi 即把图像横分成 3 个矩形。

#实际应用中,3 个矩形的阈值要根据实际情况进行调整。如离机器人视野最近的矩形权值要最大。

```
weight_sum = 0       #权值和初始化

for r in ROIS：weight_sum + = r[4]    # r[4] is the roi weight.
```
#计算权值和。遍历上面的 3 个矩形,r[4]即每个矩形的权值。
#设置摄像头工作参数
```
sensor. reset()        #初始化摄像头

sensor. set_pixformat(sensor. GRAYSCALE)     # 像素格式为:grayscale.

sensor. set_framesize(sensor. QQVGA)     # 图像帧使用 QQVGA 格式,以便
                                            提升计算速度;

sensor. skip_frames(30)       # 跳过 30 帧,等待设置生效;

sensor. set_auto_gain(False)          #轨迹追踪必须关闭自动增益;

sensor. set_auto_whitebal(False)       #轨迹追踪必须关闭自动白平衡;


clock = time. clock()           # 跟踪帧率;.


while(True):

    clock. tick()     # 用于跟踪两次 snapshots()之间用掉的毫秒数;

    img = sensor. snapshot()          # 捕获一帧图像


    centroid_sum = 0
```
#利用颜色识别分别寻找 3 个矩形区域内的线段
```
    for r in ROIS：

        blobs = img. find_blobs(GRAYSCALE_THRESHOLD,roi = r[0:
4],merge = True)
```

r[0:4] is roi tuple.
#找到视野中的线,将找到的图像区域合并成一个

#目标区域找到直线
if blobs:
    # Find the index of the blob with the most pixels.
    most_pixels = 0
    largest_blob = 0
    for i in range(len(blobs)):
    #目标区域找到的颜色块(线段块)可能不止一个,找到最大的一个,作为本区域内的目标直线
        if blobs[i].pixels() > most_pixels:
            most_pixels = blobs[i].pixels()
            #merged_blobs[i][4]是这个颜色块的像素总数,如果此颜色块像素总数大于#most_pixels,则把本区域作为像素总数最大的颜色块。更新 most_pixels 和 largest_blob
            largest_blob = i

    # Draw a rect around the blob.
    img.draw_rectangle(blobs[largest_blob].rect())
    #将此区域的像素数最大的颜色块画矩形和十字形标记出来
    img.draw_cross(blobs[largest_blob].cx(),
                  blobs[largest_blob].cy())

    centroid_sum += blobs[largest_blob].cx() * r[4] # r[4] is the roi weight.
    #计算 centroid_sum,centroid_sum 等于每个区域的最大颜色块的中心点的 x 坐标值乘本区域的权值

center_pos = (centroid_sum / weight_sum)　# 确定线的中心
    以上例程运行后,检测较长的 S 形曲线,分 3 段线性拟合,并计算出各段矩心的情况如图 7.5 所示。

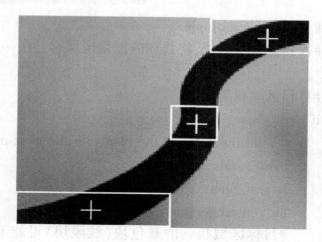

图 7.5　分段线性拟合情况

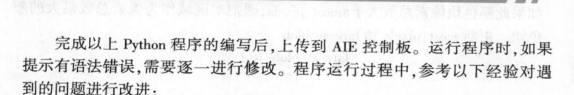

（5）调试、验证及完善

完成以上 Python 程序的编写后，上传到 AIE 控制板。运行程序时，如果提示有语法错误，需要逐一进行修改。程序运行过程中，参考以下经验对遇到的问题进行改进：

①掌握例程中 if else 语句、for 语句的各种用法，进一步巩固 Python 语法，编写代码时要细心，避免语法错误。

②如果发现直线拟合情况不理想，则要检查 get_regression 函数参数的设置情况，进行修改并观察程序执行结果。

③如果发现分段直线拟合情况不理想，则要调节几个跟踪区域大小的设置情况，修改程序并观察执行结果。根据实际需要，调整各个 roi 区域的权值，观察执行结果的情况。

（6）分析与思考

①在轨迹追踪应用中，环境光照变化对识别追踪结果有什么影响？请更换不同的光线环境，反复试验多次，给出经验总结。

②摄像头的安装角度对轨迹追踪有什么影响？请反复试验多次，给出经

验总结。

③本项目案例中提供的复杂轨迹追踪方法,适合追踪圆形轨迹吗?请根据实际应用来考虑解决方案。

④OpenAIE 硬件轨迹跟踪的速度及准确度,可以用于机器人小车的巡道控制吗?与传统的红外巡道相比,计算机视觉的方法有哪些优势?

(7)综合拓展实践任务

本项目通过实践,进一步推动轨迹追踪技术的实际应用。图 7.3 展示的是一辆在传统金属小车基础上改进设计的视觉巡线小车。车上有一套 Arduino 开源硬件控制系统,可以实现启停、前进后退、加减速、左右转弯等基本的运动控制。增加摄像头后,需要利用轨迹追踪技术完成对视野内轨迹的实时识别跟踪,请编写相关的 Python 程序。查阅 AIE 控制板通信口(串口)编程接口,实现与 Arduino 控制板的通信,将轨迹追踪的数据传递给 Arduino 运动控制单元,利用 PID 算法对电机进行运动控制。可以先实现对直线轨迹的追踪,再尝试对复杂曲线轨迹的追踪,提升小车巡道运动的性能。

项目8 计算机视觉与人脸检测

问题的提出

图8.1 人脸检测技术在相机中的应用

随着生活水平的提高，人们的旅游、娱乐活动越来越多，大家都热衷于拍一些照片来留下美好的记忆。新款的相机都采用了智能技术，能够自动检测到取景框内的人脸，自动进行人脸对焦和合焦，拍下高质量的人物照片（图8.1）。智能手机的相机功能里也普遍采用了自动发现和跟踪人脸、自动对焦的技术，辅助人们拍下美好画面。

图8.2 人脸检测与 VR 技术的结合

相机中的人脸检测技术在生活娱乐中也有普遍的应用，图8.2就是利用了自动人脸检测技术，实时捕捉移动到前景的人脸，并持续跟踪。系统同时挑选合适大小的京剧脸谱叠加到显示画面,实现变脸的效果。人脸检测与自动跟踪技术在校园出入控制、智慧教室等系统中均有应用可能,也是进一步开展人脸识别的基础。

（2）任务与目标

①了解人脸检测技术的基本原理、Haar 相关算法和应用框架;

②掌握运用人工智能开源硬件设计人脸检测应用的方法,提升 Python 语言的编程能力;

③通过 Python 编程,调用 Haar Cascade 算法,实现人脸检测功能;

④针对生活应用场景,进一步开展创意设计,设计针对校园安防等需求的具有实用性的人脸检测应用系统。

（3）知识准备

1）聚类与分类

聚类是将数据对象集合划分成相似的对象类的过程,使得同一个类中的对象之间具有较高的相似性,而不同类中的对象具有较高的相异性。比如,在公共场所的摄像头采集了行人的运动轨迹数据,寻找人群活动热点的工作就可以采用聚类的方法。

分类则是按照某种标准给对象贴标签,再根据标签来区分归类。也就是说,分类情况下事先定义好了类别,类别数不再变化。比如,在人脸检测应用中,在图像数据中划分为"人脸区"和"非人脸区"两大类。

分类器需要事先由包含人工标注类别的训练数据训练得到,属于有监督的学习。聚类则没有事先预定的类别,类别数不确定。聚类不需要人工标注和预先训练分类器,类别在聚类过程中自动生成,是一种无监督学习。

2）Haar-like 特征

Haar-like 特征一种常用的图像特征描述算子,在机器视觉领域应用很广,如人脸检测等。Haar-like 分为边缘特征、线性特征、中心特征和对角线特征等,组合成特征模板。特征模板内只有白色和黑色两种矩形,并定义该模板的特征值为白色矩形像素和减去黑色矩形像素和。

Haar-like 特征值反映了图像的灰度变化情况。对于人脸图像,脸部的一些特征能由矩形特征来简单描述,如眼睛要比脸颊颜色要深,鼻梁两侧比鼻梁颜色要深,嘴巴比周围颜色要深等。在人脸检测应用中,将任意一个矩形模板移动到人脸区域上,计算将白色区域的像素和减去黑色区域的像素和,得到的值就是人脸的特征值。如果把该矩形移动到非人脸区域,那么计算出的特征值应该和人脸特征值是很不一样的。通过 Haar-like 特征的计算实现了人脸特征的量化,以便区分人脸和非人脸。

3)Haar-like 特征的快速计算

Haar-like 特征的计算公式很简单,就是拿黑色部分的所有的像素值的和减去白色部分所有像素值的和。实际上的计算量是很大的,在工程中引入积分图的方法,进行快速计算某个矩形内的像素值的和。对一个灰度图像 I 而言,其积分图也是一张与 I 尺寸相同的图,只不过该图上任意一点 (x,y) 的值是指从灰度图像 I 的左上角与当前点所围成的矩形区域内所有像素点灰度值之和。

当把图像扫描一遍,到达图像右下角像素时,积分图像就构造好了。积分图构造好之后,图像中任何矩阵区域的像素累加和都可以通过简单运算得到。只遍历一次图像就可以求出图像中所有区域像素和的快速算法,大大提高了图像特征值计算的效率。

4)弱学习、强学习与 Adaboost 级联分类算法

所谓的弱学习,就是指一个学习算法对一组概念的识别率只比随机识别好一点。所谓强学习,就是指一个学习算法对一组概率的识别率很高。研究工作表明,只要有足够的数据,弱学习算法就能通过集成的方式生成任意高精度的强学习方法。

如图 8.3 所示的各种 Haar-like 特征算子,每一个小黑白块就是一种规则,也是一种特征,还是一个分类器。显然,它们都是弱分类器。把一批准确率很差的弱分类器级联在一起,变成一个强分类器,这就是 Adaboost Cascade 级联分类算法的核心思想。

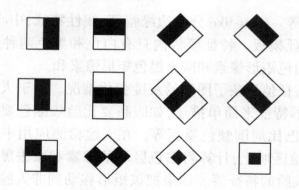

图 8.3　各种 Haar-like 特征算子

Adaboost 是一种迭代算法:先通过对 N 个训练样本的学习得到第一个弱分类器;将分错的样本和其他的新数据一起构成一个新的 N 个的训练样本,通过对这个样本的学习得到第二个弱分类器;将前面都分错了的样本加上其他的新样本构成另一个新的 N 个的训练样本,通过对这个样本的学习得到第三个弱分类器;依次继续。然后把这些弱分类器集合起来,构成一个强分类器。

5)Haar 分类器的训练

Haar 分类器训练基于 Adaboost Cascade 级联算法进行,具体可分为五大步骤:

①采集人脸图像,建立人脸、非人脸样本集。

②计算 Haar-like 特征值和积分图。

③进行弱分类器训练,筛选出 T 个最优弱分类器。

④把这 T 个最优弱分类器传给 Adaboost 算法,训练出区分人脸和非人脸的强分类器。

⑤使用筛选式级联把强分类器级联到一起,提高准确率。

实际训练中,一般都是采用 20×20 像素的小图像块,计算出的特征数量达数万个,筛选出 T 个优秀的特征值(即最优弱分类器),然后把这 T 个最优弱分类器传给 Adaboost 进行训练得到一个强分类器,最后将强分类器进行级联。由算法的训练过程可知,当弱分类器对样本分类正确,样本的权重会减小;而分类错误时,样本的权重会增加。这样,后面的分类器会加强对错分样本的训练。最后,组合所有的弱分类器形成强分类器,通过比较这些弱分类器投票的加权和与平均投票结果来检测图像。

6) 利用 Haar 算子实现人脸检测

训练好针对人脸的 Haar Cascade 分类器后,人脸检测过程就是一系列用来确定人脸对象是否存在于视频捕捉图像中的对比检查。这一系列的对比检查分成了多个阶段,后一阶段的运行以先前阶段的完成为前提。大范围的检查在前期阶段首先进行,在后期进行更多更小的区域检查。使用 Haar Cascade 分类器进行人脸检测的过程如图8.4所示。

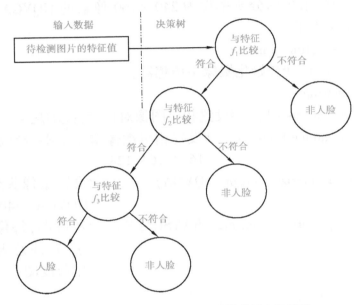

图8.4 使用 Haar Cascade 分类器进行人脸检测

在检测的最初,检测窗口和样本大小一致,然后按照一定的尺度参数(即每次移动的像素个数,向左然后向下)进行移动,遍历整个图像,标出可能的人脸区域。遍历完以后按照指定的放大的倍数参数放大检测窗口,然后再进行一次图像遍历;这样不停放大检测窗口对检测图像进行遍历,直到检测窗口超过原图像的一半以后停止遍历。

设计与实践

OpenAIE 控制板集成了人脸检测通用模块,提供 Haar 算法集进行通用对象检测,并内置 Frontal Face 检测器来检测视频帧中的人脸。其中,Haar Cascade 模块进行一系列的比对检查,用于确定待检测对象是否存在于图像帧中。这一系列的对比检查分成了多个阶段,后一阶段的运行以先前阶段的完成为前提。大范围的检查在前期阶段首先进行,在后期进行更多更小的区域检查。

1)摄像头工作参数设置

OpenAIE 控制板内固化的 Haar Cascade 算法采用的是黑白像素特征,积分图也是在灰度图像上生成的。因此,人脸检测应用中,摄像头需要设置为灰度图模式,视频采集的分辨率设为 240×160 像素的 HQVGA 格式,相关的 Python 代码示例如下:

```
import sensor,time,image
sensor. reset( )    #初始化摄像头传感器;
# Sensor settings
sensor. set_contrast(1)    #设置相机图像对比度,范围从 −3 至 +3;
sensor. set_gainceiling(16)    #设置相机图像增益上限,参数范围:2,4,8,
                                16,32,64,128;
sensor. set_framesize( sensor. HQVGA )    #设置摄像头分辨率为
                                           HQVGA:240×160;
sensor. set_pixformat( sensor. GRAYSCALE )    #灰度图,每像素为 8 位、1
                                               字节,注意人脸识别只能
                                               用灰度图。
```

2)加载 Haar 算子

加载 Haar 模型及算法进行人脸检测的语法是:

```
class image. Haar Cascade( path[ ,stages = Auto ] ) ,
```

其中,stages 默认值为 Haar Cascade 级联分类器的总阶段数,也就是强分类器的个数。Stages 值的选取要根据实际情况来选择:设置较低的阶段数可以得到较快的检测速度,但是误识率也会较高;设置较高的阶段数可以提供识别的准确度,但是牺牲了检测速度。相关的 Python 代码示例如下:

```
#加载 Haar Cascade 级联分类器,启用内置人脸检测模型,分类器的比对
阶段数设置为 25;
face_cascade = image. Haar Cascade( "frontalface" ,stages =25 )
print( face_cascade )
```

开源库 Haar Cascade 内置已经训练好的 haar 模型,比如"frontalface"人脸模型或者"eye"人眼模型,编程是直接指定即可。Haar Cascade 也允许应用系统使用自行训练的外部 Haar 模型。对于自行训练的 Haar 模型需要保持成统

一的二进制格式文件,编程时 path 参数要指明模型文件的存储路径,即引号内为 haar 模型文件的路径。

3)编程控制视频捕捉和启动人脸检测

运用人工智能开源硬件固化的 Haar Cascade 模块设计人脸检测功能的关键过程包括 3 部分:

①控制摄像头的工作,定时捕捉图像帧。

②启动 Haar Cascade 分类器工作,检测出图像帧中所有的人脸区域。

③在图像帧中标注出所有检测到的人脸区域。

相关的 Python 代码示例如下:

```
clock = time. clock( )     #启用一个时钟对象;
while(True):
    clock. tick( )              #开始追踪运行时间;
    # Capture snapshot
    img = sensor. snapshot( )     #使用摄像头拍摄一张快照,并返回给
                                    image 对象;
    # 启动 Haar Cascade 算法,在图像帧中搜索出所有的人脸区域,返回
给 objects 对象;
    objects = img. find_features(face_cascade, threshold = 0. 75, scale_fac-
tor = 1. 25)
    #image. find_features(cascade, threshold = 0. 5, scale = 1. 5), thresholds
越大,#匹配速度越快,错误率也会上升。scale 可以缩放被匹配特征的大小。
    #标记处所有人脸区域。利用 Draw 对象在找到的人脸目标区域上画
框,标记出来;
    for r in objects:
        img. draw_rectangle(r)
    #在消息窗中显示出摄像头的帧率等实时工作参数;
    print(clock. fps( ))
```

需要说明的是,检测人脸使用 image. find_features(cascade[, threshold = 0. 5[, scale = 1. 5[, roi]]])方法,该方法搜索与 Haar Cascade 匹配的所有区域的图像,并返回所检测到的边界框矩形元组(x, y, w, h)列表。若未发现任何特征,则返回一个空白列表。

find_features 方法仅支持灰度图像。诸参数中,cascade 是一个 Haar Cascade 对象。threshold 是浮点数(0. 0 ~ 1. 0),其中较小的值在提高检测速率的

同时增加误报率。相反,较高的值会降低检测速率,同时降低误报率。scale 是一个必须大于 1.0 的浮点数。较高的比例因子运行更快,但其图像匹配相应较差。理想值介于 1.35 ~ 1.5。roi 是感兴趣区域的矩形元组(x,y,w,h)。如果未指定,roi 即整个图像的图像矩形,操作范围仅限于 roi 区域内的像素。

4) Python 编程及实现

集成以上 3 阶段的程序过程设计,编写出完整的人脸检测 Python 程序,写入 OpenAIE 控制板中,在运行程序的过程中解决可能存在的编程错误。程序准确运行的情况如图 8.5 所示,右上区域显示出了摄像头捕捉到的视频图像,其中叠加显示了实时检测出的人脸区域。

```
# 人脸识别例程
```
#在实时采集的图像帧上使用 Haar Cascade 级联模型来进行人脸检测工作。Haar 级联模型对图像区域进行遍历,查找人脸。编程中采用正面人脸模型,启用 25 阶搜索流程。
每帧图像的处理需要占用内存空间。人脸检测算法使用灰度图像可以减少对存储的需求。

```
import sensor,time,image
```

```
# 重置摄像头
```
```
sensor. reset()
```

```
# 摄像头参数设置
```
```
sensor. set_contrast(1)
sensor. set_gainceiling(16)
sensor. set_framesize( sensor. HQVGA )          #人脸检测最好使用 HQVGA
                                                  格式和灰度图像
sensor. set_pixformat( sensor. GRAYSCALE )      #人脸检测过程要求使用灰
                                                  度图像
```

加载 Haar Cascade 分类器。默认使用所有级联数,采用的级数越低,运算速度会越快,但检测准确度则会降低。

```
face_cascade  =  image. Haar Cascade( "frontalface", stages = 25 )
```
#方法 image. Haar Cascade(path, stages = Auto) 用来加载一个 haar 模型;

haar 模型是二进制文件,如果是自定义的,则引号内为模型文件的路径;

#也可以使用内置的 haar 模型,比如"frontalface" 人脸模型或者"eye" 人眼模型;

#stages 值未传入时使用默认的 stages。stages 值设置的小一些可以加速匹配,但会降低准确率。

```
print(face_cascade)


# FPS clock
clock = time.clock()


while (True):
    clock.tick()
    img = sensor.snapshot()    #捕捉图像帧
```

搜索脸部对象。选用较低的比例因子 scale,会降低图像搜索速度,但可以检测出更小的对象;

#选用较高的比例因子,运行速度更快,但其图像匹配相应较差。理想值介于 1.35 与 1.5 之间。

#选用较高的 threshold 值会提高检测速率,但是会增加误报率;

#总之,thresholds 越大,匹配的速度越快,错误率也会上升。Scale 用来缩放被匹配特征的大小。

```
    objects = img.find_features(face_cascade, threshold = 0.75, scale = 1.35)


    #在找到的目标对象上画框,标记出来;
    for r in objects:
        img.draw_rectangle(r)


    # 打印出 FPS.
    print(clock.fps())
```

图 8.5　人脸检测程序的运行情况

（5）调试、验证及完善

完成以上 Python 程序的编写后，上传到 AIE 控制板。运行程序时，如果提示有语法错误，需要逐一进行修改。程序运行过程中，参考以下经验对遇到的问题进行改进：

①如果视频显示区显示出摄像头捕捉的视频帧图像质量过低，继续进行人脸检测将没有意义。这时需要调节摄像头的工作参数，如果图像偏暗，则对 LED 编程进行补光。

②人脸处于逆光状态，人脸部分的图像特征模糊，对人脸检测很不利。调试程序时先避开这种情况，完成 find_features 参数的初步设定。

③如果视频显示正常，但没有检测到人脸区域，或者检测到了错误的区域，这是需要检测 Haar Cascade 相关函数的编程中，各种工作参数设置是否合适。包括 Haar Cascade 函数中的阶段数，find_features 函数中的阈值和比例因子等，调节参数的取值，观察识别率、误识率、计算速度等方面的变化，确定所使用开发系统的最佳工作参数，为后续进一步工作打好基础。

（6）拓展与思考

①编程案例中是利用计算机视觉开源库中已经训练好的 Haar 人脸检测模型数据，如何自行训练出人脸检测 Haar 模型？如何在程序中调用外部的 Haar 模型？提出你的实施方案，有条件的进行编程实践。

②计算机视觉开源库中的 Haar Cascade 方法可以应用在人脸以外的目标检测吗？比如宠物爱好者常常提出希望有一个狗脸、猫脸检测功能，以便设计一个宠物管理系统。针对这些问题，提出你的模型建立、训练和编程实施方案。

③与 Arduino 控制板相比，OpenAIE 控制板可以对外提供的 I/O 端口只有 10 个，端口的驱动能力也很弱，在多数人工智能应用系统中，都不足以提供支持。针对这种情况，如何找到简便快速的应用方法，请思考。

④人脸检测技术如何进一步应用到校园生活中，你有什么创意？可以设计出哪种智能应用系统？对你的新创意进行设计和编程实践。

（7）综合拓展实践任务

通过本次项目实践，推动人脸自动检测技术在校园及家庭生活中的进一步应用。可否将学校创客空间里的机器人项目改进设计成校园服务机器人，应用人脸检测技术，主动发现过往的师生，并进行人机交互（图8.6）？提出你的原型设计方案，并针对原型进行编程实践。

图8.6 在机器人系统设计中运用人脸检测技术

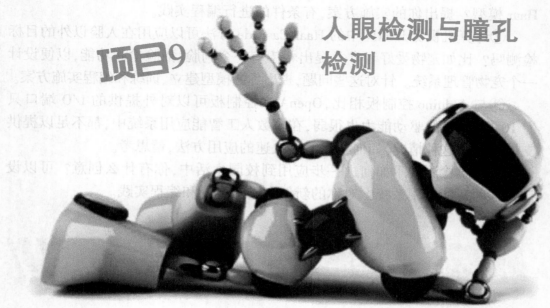

项目9　人眼检测与瞳孔
检测

图 9.1　人眼检测技术在相机中的应用

　　现在新款的相机和智能手机中的相机除了人脸检测技术外,还支持实时显示拍摄时的眼睛检测自动对焦,可检测被摄体的眼睛。被摄体运动期间也能持续对焦于眼睛(图 9.1)。

　　在人脸检测的基础上进一步进行检人眼和瞳孔检测在生活也有很多重要用途。比如,在智能交通系统中,已经成功应用了人眼检测来发现公交车、出租车司机在长时间驾驶过程中有没有出现疲劳,可以及时提醒并向管理台报警。在学校智慧教室中,利用人眼检测等技术可以判断学生有没有集中精力学习,有没有关注讲台等,进行课堂教学质量的监控。

　　①了解人眼检测与瞳孔检测技术的基本原理、Haar 相关算法和应用框架;

②掌握运用人工智能开源硬件设计智能应用系统的方法，掌握 Python 语言的编程方法；

③应用人工智能开源硬件和 Python 相关算法，编写代码调用 Haar Cascade 算法，实现人眼检与瞳孔检测功能；

④针对生活应用场景，进一步开展创意设计，设计具有实用价值的人眼检测与瞳孔检测应用系统。

(3) 知识准备

1）基于 OpenCV 工具的 Haar 分类器训练

OpenCV 是国际知名的开源计算机视觉库，OpenCV 用 C++语言编写，同时提供了 Python、Ruby、MATLAB 等语言的接口，提供大量图像处理和计算机视觉方面的通用算法和辅助工具。经过近 20 年的发展，OpenCV 跨平台能力突出，可以运行在 Linux、Windows、Android 和 Mac OS 操作系统上。

在项目 8 计算机视觉与人脸检测的实践中，介绍了 Harr 分类器训练方法一般分为 5 大步骤。

OpenCV 开发平台中提供了工具用于训练人脸 Harr Cascade 级联分类器。实际采用 OpenCV3.4.1 版本和 VS2015 开发工具进行了分类器训练，包括收集训练样本、格式化训练数据、创建训练样本、训练 cascade 分类器等过程。

2）收集训练样本数据

收集样本数据，包括正负样本图像文件。训练前，从开放的人脸数据中提取了 16 个人的不同表情状态下的人脸图像数据文件，约 200 张，存放在 Positive 正样本文件夹中，每个人的人脸图像文件可以单独另建一个子目录存放。部分人脸如图 9.2 所示。

同时，收集一批与人脸无关的图像作为人脸分类器的负样本文件。这些图像都不包含有完整人脸，主要是人身体的其他部位，以及户外、居室、教室、校园、街道、背景等人们经常活动的地方。这些负样本照片约 200 张，存放在 Negative 负样本文件夹中。部分负样本图像如图 9.3 所示。

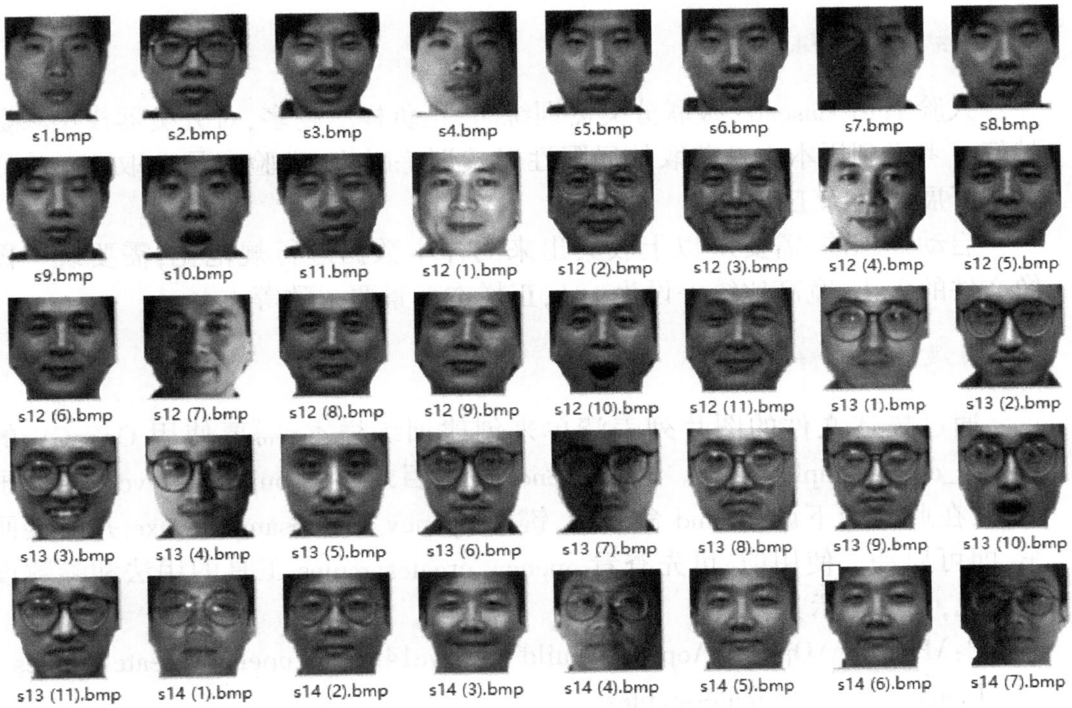

s1.bmp	s2.bmp	s3.bmp	s4.bmp	s5.bmp	s6.bmp	s7.bmp	s8.bmp
s9.bmp	s10.bmp	s11.bmp	s12 (1).bmp	s12 (2).bmp	s12 (3).bmp	s12 (4).bmp	s12 (5).bmp
s12 (6).bmp	s12 (7).bmp	s12 (8).bmp	s12 (9).bmp	s12 (10).bmp	s12 (11).bmp	s13 (1).bmp	s13 (2).bmp
s13 (3).bmp	s13 (4).bmp	s13 (5).bmp	s13 (6).bmp	s13 (7).bmp	s13 (8).bmp	s13 (9).bmp	s13 (10).bmp
s13 (11).bmp	s14 (1).bmp	s14 (2).bmp	s14 (3).bmp	s14 (4).bmp	s14 (5).bmp	s14 (6).bmp	s14 (7).bmp

图 9.2　正样本人脸图像

35.jpg	41.jpg	65.jpg	68.jpg	69.jpg	70.jpg	72.jpg	75.jpg
76.jpg	82.jpg	83.jpg	85.jpg	88.jpg	90.jpg	98.jpg	110.jpg
112.jpg	113.jpg	114.jpg	116.jpg	117.jpg	118.jpg	120.jpg	121.jpg
124.jpg	125.jpg	139_1_1.jpg	139_2.jpg	140-01.jpg	140-02.jpg	140-03.jpg	140-04.jpg
333.jpg	c-01.png	c-11.png	c-13.png	c-19.png	c-39.png	c-44.png	c-46.png

图 9.3　人脸检测模型负样本图像

3）格式化训练数据

人脸 Harr Cascade 级联分类器训练时，正负样本越多，对分类器模型参数越好。考虑到样本文件获取的局限性以及训练时间，实验中是选取 200 多张样本开展的训练工作。

启动训练前，需要对以上收集出来的样本数据进行规范化，需要统一图像文件的大小，宽高比统一设为 1∶1，正样本背景要一致等。

4）创建训练样本

通过描述文件的图片列表清单来创建训练样本，需要使用 OpenCV 的 opencv_createsamples 工具。进入 opencv 工作目录下的 build/x64/vc14/bin 子目录，在此路径下调出 cmd 命令行，键入 opencv_createsamples. exe 并直接回车，即可启动。使用前，可先查看 opencv_createsamples 工具的用法和参数设置情况，如下所示：

E：\Program\OpenCV\opencv\build\x64\vc14\bin > opencv_createsamples
Usage：opencv_createsamples
　　［-info ＜ collection_file_name ＞］
　　［-img ＜ image_file_name ＞］
　　［-vec ＜ vec_file_name ＞］
　　［-bg ＜ background_file_name ＞］
　　［-num ＜ number_of_samples = 1000 ＞］
　　［-bgcolor ＜ background_color = 0 ＞］
　　［-inv］［-randinv］［-bgthresh ＜ background_color_threshold = 80 ＞］
　　［-maxidev ＜ max_intensity_deviation = 40 ＞］
　　［-maxxangle ＜ max_x_rotation_angle = 1. 100000 ＞］
　　［-maxyangle ＜ max_y_rotation_angle = 1. 100000 ＞］
　　［-maxzangle ＜ max_z_rotation_angle = 0. 500000 ＞］
　　［-show ［ ＜ scale = 4. 000000 ＞］］
　　［-w ＜ sample_width = 24 ＞］
　　［-h ＜ sample_height = 24 ＞］
　　［-maxscale ＜ max sample scale = － 1. 000000 ＞］
　　［-rngseed ＜ rng seed = 12345 ＞］

其中，collection_file_name 指收集的文件，vec_file_name 指通过 opencv_createsamples 工具生成的 vec 文件名。background_file_name 是指背景文件

名,根据实际情况选择使用或者不用。number_of_samples 存放样本数,根据实际情况填写,本次采集了 185 个正样本,就设置为 185。background_color 指背景颜色,可以根据实际情况选择使用或者不用。max_x_rotation_angle、max_y_rotation_angle、max_z_rotation_angle 表示绕 xyz 轴的旋转量。sample_width、sample_height 指样本图像的宽度和高度,一般保持 w 和 h 一致。

　　根据以上 opencv_createsamples 工具的用法,输入训练样本配置文件的路径(本次训练正负样本都放在在桌面下 data 中),就可以生成 vec 文件与负样本列表文本文件:

opencv_createsamples. exe -info C：\Users\Administrator\Desktop\data\positive\info. dat -vec；C：\Users\Administrator\Desktop\data\mysamples_1024. vec -num 185 -bgcolor 0 -bgthresh 0 -w 24 -h 24

　　执行情况如下所示,生成了 vec 文件与负样本列表文本文件。如果正负样本文件数目较少,可以尝试使用-img 参数,将一张图片通过扭曲形变成多张图片作为样本,参数的内容为待扭曲的图片的路径。

Info file name：C：\Users\Administrator\Desktop\data\positive\info. dat

Img file name：（NULL）

Vec file name：C：\Users\Administrator\Desktop\data\mysamples_1204. vec

BG　file name：（NULL）

Num：185

BG color：0

BG threshold：0

Invert：FALSE

Max intensity deviation：40

Max x angle：1. 1

Max y angle：1. 1

Max z angle：0. 5

Show samples：FALSE

Width：24

Height：24

Max Scale：－1

RNG Seed：12345

Create training samples from images collection…

Done. Created 185 samples

　　上述指令执行完毕后,会在所设定的目录下生成指定名称的 vec 文件:

C:\Users\Administrator\Desktop\data\mysamples_1204.vec

5) 训练 cascade 分类器

生成用于训练的 vec 文件后,就可以开始 cascade 分类器训练。首先查看分类器训练工具 opencv_traincascade 的参数和用法:

```
-data < cascade_dir_name >
-vec < vec_file_name > 刚刚创建的 vec 文件
-bg < background_file_name >
[ -numPos < number_of_positive_samples = 2000 > ]
[ -numNeg < number_of_negative_samples = 1000 > ]
[ -numStages < number_of_stages = 20 > ]
[ -precalcValBufSize < precalculated_vals_buffer_size_in_Mb = 1024 > ]
[ -precalcIdxBufSize < precalculated_idxs_buffer_size_in_Mb = 1024 > ]
[ -baseFormatSave ]
[ -numThreads < max_number_of_threads = 9 > ]
[ -acceptanceRatioBreakValue < value > = -1 > ]
--cascadeParams--
  [ -stageType < BOOST( default ) > ]
  [ -featureType < { HAAR( default ) , LBP, HOG } > ]
  [ -w < sampleWidth = 24 > ]
  [ -h < sampleHeight = 24 > ]
--boostParams--
  [ -bt < { DAB, RAB, LB, GAB( default ) } > ]
  [ -minHitRate < min_hit_rate > = 0.995 > ]
  [ -maxFalseAlarmRate < max_false_alarm_rate = 0.5 > ]
  [ -weightTrimRate < weight_trim_rate = 0.95 > ]
  [ -maxDepth < max_depth_of_weak_tree = 1 > ]
  [ -maxWeakCount < max_weak_tree_count = 100 > ]
--haarFeatureParams--
  [ -mode < BASIC( default ) | CORE | ALL
--lbpFeatureParams--
--HOGFeatureParams--
```

opencv_traincascade.exe 工具参数设置和使用方法说明如下:

-data 指定生成的文件目录;

-vec vec 文件名;

-bg 负样本描述文件名称,也就是负样本的说明文件(. dat);

-nstage 20 指定训练层数,推荐 15～20,层数越高,耗时越长;

-nsplits 分裂子节点数目,选取默认值2;

-minhitrate 最小命中率,即训练目标准确度;

-maxfalsealarm 最大误检率,每一层训练到这个值小于 0.5 时训练结束,进入下一层训练;

-npos 在每个阶段用来训练的正样本数目;

-nneg 在每个阶段用来训练的负样本数目这个值可以设置大于真正的负样本图像数目,程序可以自动从负样本图像中切割出和正样本大小一致的,这个参数一半设置为正样本数目的 1～3 倍;-w,-h 样本尺寸,与前面对应;

-mem 程序可使用的内存,这个设置为 256 即可,实际运行时根本就不怎么耗内存,以 MB 为单位;

-mode ALL 指定 haar 特征的种类,BASIC 仅仅使用垂直特征,ALL 表示使用垂直以及 45 度旋转特征;

-w 与-h 表示样本的宽与高,必须跟 vec 中声明保持一致。

实际训练中,需要要把负样本和 bg. txt 文件复制到 build/x64/vc14/bin 目录下,还需要在 data 文件夹下新建文件 HaarReslut 来保存训练的结果,这样才能完成训练工作。实验中,输入以下参数启动分类器训练:

opencv_traincascade. exe -data C:\Users\Administrator\Desktop\data\Haar-Reslut -vec;C:\Users\Administrator\Desktop\data\mysamples_341. vec -bg bg. txt -numPos 170 -numNeg 500 -numStages 12 -featureType HAAR -w 24 -h 24 -minHitRate 0.996 -maxFalseAlarmRate 0.5 -mode ALL

训练情况如下。训练结束后 HaarReslut 文件会告诉训练结果,cascade. xml 是训练得到的模型参数,其他的是训练过程中的产生的文件,应用中并不需要。

E:\Program\OpenCV\opencv\build\x64\vc14\bin > opencv_traincascade -data;C:\Users\Administrator\Desktop\data-vec C:\Users\Administrator\Desktop\data\mysamples_1204. vec -bg bg. txt-numPos 170-numNeg 500-numStages 12-featureType LBP -w 24 -h 24 -minHitRate 0.997-maxFalseAlarmRate 0.5

因为数据集比较少,所以训练速度应该会很快,大概 2 min 左右即可训练完成。如果想要提高准确度,可以把-numNeg 500 改为-numNeg 1000,扩大负样本的数据这样就可以提高准确率了。

6）模型测试

训练结束后，一般需要进行模型测试，验证实际检测效果。OpenCV 提供了一个 cascade 分类器测试工具及源代码，在 vs2015 中打开，就可以运行，观察训练处的模型的实际运用效果。

调用 face_classifiler 对象的 detectMultiScale 方法时，如果参数使用不当，会出现误识别人脸的情况，如图 9.4 所示。

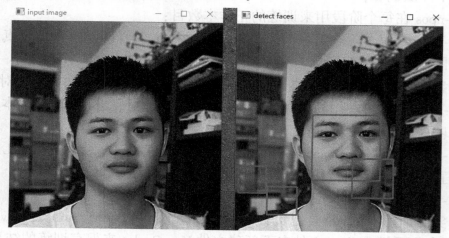

图 9.4　人脸检测过程中出现的误识情况

对 face_classifiler. detectMultiScale（gray，faces，1. 2，3，1，Size（50，50））中的几个数据参数进行调节，可以准确地检测到人脸。

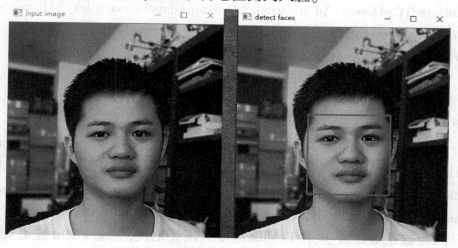

图 9.5　运用所训练的模型参数准确检测到人脸

（4）设计与实现

OpenAIE 控制板集成了人脸检测通用模块,提供 Haar 算法集进行通用对象检测,并内置有 Frontal Face 检测器来检测视频帧中的人脸。其中,Haar Cascade 模块进行一系列的比对检查,用于确定待检测对象是否存在于图像帧中。这一系列的对比检查分成了多个阶段,后一阶段的运行以先前阶段的完成为前提。大范围的检查在前期阶段首先进行,在后期进行更多更小的区域检查。

1）摄像头工作参数设置

在项目 8 人脸检测应用中,视频采集的分辨率设为 240×160 像素的 HQVGA 格式,像素格式设置为灰度图模式,相关的 Python 代码如下:

```
#初始化摄像头工作参数;
sensor. set_contrast(1)      #设置相机图像对比度,范围从 -3 至 +3;
sensor. set_gainceiling(16)   #设置相机图像增益上限,参数范围:2,4,8,
16,32,64,128;
sensor. set_framesize( sensor. HQVGA)      #分辨率设为 HQVGA:240x160;
sensor. set_pixformat( sensor. GRAYSCALE)   #人脸检测应用使用灰度图,
每像素为 8 位、1 字节;
```

人眼检测时,需要对人脸更细小的区域进行搜索,需要提高图像帧的分辨率。HQVGA 模式下很容易检测出人脸,但是用来检测人眼,成功率很低。AIE 控制板支持的最大分辨率是 VGA,可以在这种模式下进行人眼检测:

```
sensor. set_framesize( sensor. VGA)      #分辨率设为 VGA:640 ×480;
sensor. set_pixformat( sensor. GRAYSCALE)   #人眼检测同样使用灰度图;
```

2）相关 Haar 模型的加载

利用计算机视觉库中的 Haar Cascade(path,stages)类,可实现人眼检测过程所需要的 Haar 模型的加载,启动对图像帧区域的搜索。为快速检测到人眼,先在整个图像帧中搜索人脸,再在搜索到的人脸区域中检测人眼的位置。

计算机视觉库中内置有已经训练好的相关 Haar 模型,如"frontalface"人脸模型和"eye"人眼模型,编程是直接指定即可。相关的 Python 代码示例如下:

①人脸检测模型的加载。

#加载 Haar Cascade 级联分类器,启用内置人脸检测模型,分类器的比对阶段数设置为 25;

face_cascade = image. Haar Cascade("frontalface", stages = 25)

②人眼检测模型的加载。

#加载 Haar Cascade 级联分类器,启用内置人眼检测模型,分类器的比对阶段数设置为 25;

face_cascade = image. Haar Cascade("eye", stages = 25)

Haar Cascade 也允许应用系统使用自行训练的外部 haar 模型。对于自行训练的 Haar 模型需要保持成统一的二进制格式文件,编程时 path 参数要指明模型文件的存储路径,即引号内为 Haar 模型文件的路径。

3)瞳孔定位

利用人脸 Haar 模型在整个图像帧中快速搜索到人脸后,再启用人眼 Haar 模型在人脸区域中检测人眼区域。在检测到的 2 个人眼区域中分别寻找区域中颜色最深处的中心点,就当作瞳孔的位置。

计算机视觉库中内置有 image. find_eye(roi)方法用来在眼睛周围区域(x,y,w,h)里查找瞳孔。返回一个包含图像中瞳孔(x,y)位置的元组。若未发现瞳孔,则返回(0,0)。

其中,roi 是搜索区域的矩形元组(x,y,w,h)。如果未指定,roi 即整个图像的矩形区域。该方法的操作范围仅限于 roi 区域内的像素。

该方法仅支持灰度图像。使用这一方法之前,需要先使用 image. find_features()和 Haar 算子 frontalface 来搜索人脸。然后使用 image. find_features 和 Haar 算子 find_eye 在人脸区域搜索眼睛。最后,在返回的每个眼睛 roi 区域上调用这一方法,得到瞳孔的位置坐标。相关 Python 参考代码如下:

#在识别到的人眼中寻找瞳孔。

```
for e in eyes:  #e 是先前过程中搜索到的若干人眼矩形区域;
        iris = img. find_eye(e)
        #find_eye((x,y,w,h))参数是一个矩形区域,左上顶点为(x,y),宽
w,高 h,
        #注意(x,y,w,h)是一个元组,不要漏掉括号();
        #find_eye 的功能是找到区域中颜色最深处的中心点;
        img. draw_rectangle(e)  #用矩形标记人眼区域;
        img. draw_cross(iris[0],iris[1])  #用十字形标记瞳孔。
```

4）瞳孔检测系统的编程及实现

集成以上各阶段的程序过程设计，编写出完整的人脸人眼及瞳孔检测 Python 程序，写入 OpenAIE 开源控制板中，在运行程序的过程中解决可能存在的编程错误。程序准确运行的情况如图 9.6 所示，右上区域显示出了摄像头捕捉到的视频图像，其中叠加显示了实时检测出的人眼区域和定位到的瞳孔位置。图 9.7 是放大的人眼区域和瞳孔标定。

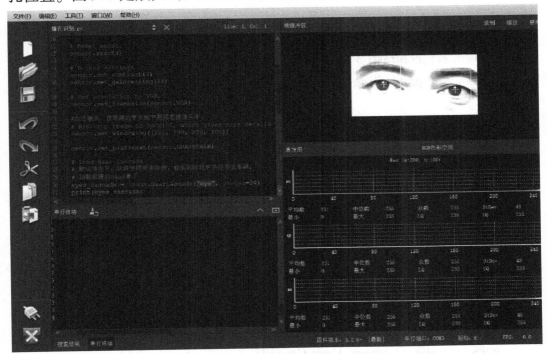

图 9.6　人眼与瞳孔检测程序的运行情况

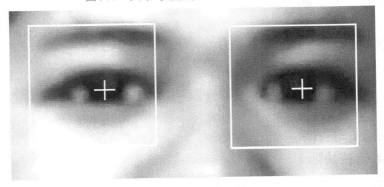

图 9.7　放大的人眼区域和瞳孔标定

人眼检测与瞳孔识别例程

例程先检测采集图像中的眼睛,然后进行瞳孔检测。具体是,使用 find
_eyes 方法来确定包含
#瞳孔的 roi 区域的中心点,即寻找眼睛区域中最黑处。

```python
import sensor,time,image

# Reset sensor
sensor. reset( )


# 传感器设置
sensor. set_contrast(3)
sensor. set_gainceiling(16)


# 将分辨率设置为 VGA
sensor. set_framesize( sensor. VGA)


#拉近镜头,使眼睛的更多细节展现在摄像头中。
sensor. set_windowing( (220,190,200,100))
sensor. set_pixformat( sensor. GRAYSCALE)


# 加载 Haar 算子
# 默认情况下,这将使用所有阶段,较低的阶段更快但不太准确。
# 加载眼睛的 haar 算子
eyes_cascade  =  image. Haar Cascade( "eye" ,stages =24)
print( eyes_cascade)


# FPS clock
clock  =  time. clock( )


while (True):
    clock. tick( )
    # 捕获快照
    img  =  sensor. snapshot( )
    # 找眼睛!
    # 注意:较低的比例因子会更多地缩小图像并检测较小的对象。
```

scale 为比例因子

　　　　# 阈值越高,检测率越高,误报率越高。

　　　　eyes ＝ img. find_features(eyes_cascade,threshold ＝0.5,scale ＝1.5)

　　　　#先利用 find_features 函数识别人眼。image. find_features(cascade, threshold ＝0.5,scale ＝1.5),thresholds 越大,匹配速度越快,错误率也会上升。scale 可以缩放被匹配特征的大小。

　　　　# 找瞳孔

　　　　#在识别到的人眼中寻找瞳孔。

　　　　for e in eyes:

　　　　　　iris ＝ img. find_eye(e)

　　　　　　#image. find_eye((x,y,w,h)),find_eye 的参数是一个矩形区域,左上顶点为

　　　　　　#(x,y),宽 w,高 h,注意(x,y,w,h)是一个元组,不要漏掉括号()。上行代码中

　　　　　　#的 e 即代表识别到的眼睛的矩形区域。

　　　　　　#find_eye 的原理是找到区域中颜色最深处的中心。

　　　　　　img. draw_rectangle(e)

　　　　　　img. draw_cross(iris[0],iris[1])

　　　　　　#用矩形标记人眼,用十字形标记瞳孔。

　　　　# 打印帧率。

　　print(clock. fps())

　　人眼与瞳孔检测例程的运行界面如图9.6 所示。先采集现场的视频图像,检测出人脸,再检测到人眼区域,最后定位到瞳孔。

调试、验证及完善

　　完成以上 Python 程序的编写后,上传到 AIE 控制板。运行程序时,如果提示有语法错误,需要逐一进行修改。程序运行过程中,参考以下经验对遇到的问题进行改进:

①如果视频显示区里显示的视频帧图像较小,则要检查摄像的头工作参数设置是否合理。在人眼检测场合,HQVGA 的分辨率低了,需要设置成 VGA 模式。

②如果视频显示区显示出摄像头捕捉的视频帧图像很不清晰,继续进行人脸以至人眼检测过程将没有意义。这时需要调节摄像头的工作参数。如果图像偏暗,则对 LED 编程进行补光。

③如果检测到人脸,却没有检测出人眼区域,这时需要检查 find_features 方法中有无加载了正确的 eyes_cascade 模型。如果还是检测不出人眼,需要检查 Haar Cascade 方法中的级数等参数的设置,find_features 方法中的阈值和比例因子等,调节参数的取值,观察识别率、误识率、计算速度等方面的变化,最后确定所使用开发系统的最佳工作参数。

④戴眼镜会遮挡人眼的很多细节,不利于人眼检测。在调试程序的过程中,最好使用不戴眼镜的人脸。

(6)分析与思考

①训练人脸检测 Harr Cascade 级联分类器时,请分析负样本图像的作用。如果要设计一个校园学生人脸检测系统,自行训练学生人脸 Harr 模型时应该如何收集准备负样本图像?

②很多家庭都喜欢宠物,如果设计一个宠物狗智能监管系统,如何进行狗脸的检测与识别?请根据项目介绍的 Harr 模型训练方法,提出你的实施方案,有条件可以准备正负样本图像,进行模型训练和编程实践。

③瞳孔检测过程中,准确度不如人脸检测和人眼检测效果好。请根据摄像头、处理器等硬件条件以及现场环境情况分析原因。

④瞳孔检测技术如何进一步应用到校园生活中,你有什么创意?请给出系统设计方案,条件许可的话,可以进行编程实现。

⑤瞳孔检测例程中,摄像头图像帧的格式选用的是 VGA,前面的目标跟踪等项目中采用的图像帧格式 QVGA 和 QQVGA。请说明其中的原因。

（7）综合拓展实践任务

计算机视觉开源库中的 Haar Cascade 方法支持眼动跟踪,检测图像帧中是否有眼睛存在。这种检测方法在服务机器人中有应用价值吗？尝试 Eye Haar 模型的运用方法,同时检测出人脸和眼睛位置,并形成新的创意。

通过本次项目实践,推动瞳孔自动检测技术在校园及家庭生活中的进一步应用。可否在项目 8 的拓展设计基础上,进一步应用人脸瞳孔检测技术,与眼前的师生进行眼部跟踪,进行互动？同样借助 AIE 控制板与机器人系统进行通信的方法,提出你的原型设计方案,并针对原型进行编程实践。

项目10

计算机视觉与
条码识别系统

图 10.1　图书馆里的条形码自助借还书系统

近些年,大型图书馆陆续启用了条形码自助借还书系统(图 10.1),以往借还书都要排长队的情况不复存在。自助借还书机可自行完成对条形码读者卡的识别、图书的条形码扫描、图书的充消磁作业等功能,读者只需要按照屏幕显示的操作步骤进行操作,十几秒钟便可完成整个借还书的过程。自助借还书机具体操作流程:读者借书时,需要将一卡通在自助借还机上扫描,再将所借书籍一起放在借还机的扫描区域,通过扫描,确认所借书籍,系统即可录入借书信息完成借书;读者还书时,只需要扫描书籍,即可完成还书操作。

条形码不仅可以应用在图书馆、超市、仓库等场所,在校园里还有很多应用(图 10.2)。比如,实验室仪器设备的管理、出入考勤的管理、就餐管理、乘车管理等。学校鼓励同学们将家里看过的书籍带到班上相互交流,建立班级图书室。我们可以借鉴图书馆自助借还书机的功能来管理好这些书籍,自己设计制作条形码,设计班级图书资料自助管理系统。实施这一自助系统的关键是学习和掌握条形码识别技术。

社会体验认证·和记载

智能考勤

校车

亲情电话

智慧书屋

图书借阅

校内消费

图 10.2 条形码技术在校园里的应用

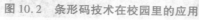

(2) 任务与目标

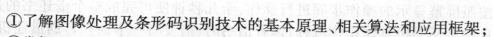

①了解图像处理及条形码识别技术的基本原理、相关算法和应用框架；

②掌握运用人工智能开源硬件设计智能应用系统的方法，掌握 Python 语言的编程方法；

③应用人工智能开源硬件和 Python 相关算法模块设计条形码扫描与识别应用系统；

④利用 Python 编程，编写条形码提取及识别算法，实现对条形码的识别解码功能，针对生活应用场景，进一步创新设计具有实用价值的二维码应用系统。

（3）知识准备

1）条形码的基本概念

　　条形码是将宽度不等的多个黑条和空白，按照一定的编码规则排列，用以表达一组信息的图形标识符。常见的条形码是由反射率相差很大的黑条（简称条）和白条（简称空）排成的平行线图案。条形码可以用来标出物品的制造厂家、商品名称、生产日期、图书编号、邮政快递编号、设备编号等丰富信息。条形码技术很经济、实用，编码可靠性高，识别速度快，条形码标签易于制作，识别装备成本低廉，广泛应用于商场、图书馆、邮政物流、仓库等重要领域。

　　条形码的构成如图 10.3 所示。条形码由黑白相间、宽度不一的线条组成，不论是采取何种规则印制的条形码，都由静区、起始字符、数据字符与终止字符组成。有些条码在数据字符与终止字符之间还有校验字符，具体构成包括：

图 10.3　条形码的构成

　　①静区。静区也称为空白区，分为左空白区和右空白区，左空白区是让扫描设备做好扫描准备，右空白区是保证扫描设备正确识别条码的结束标记。

　　②起始字符。第一位字符具有特殊结构，当扫描器读取到该字符时，便开始正式读取代码了。

　　③数据字符。条形码的主要内容。

　　④校验字符。检验读取到的数据是否正确，不同编码规则可能会有不同的校验规则。

⑤终止字符。最后一位字符,一样具有特殊结构,用于告知代码扫描完毕,同时还起到只是进行校验计算的作用。

2)条形码的校验

把条形码从右往左依次编序号为"1,2,3,4……"从序号2开始把所有偶数序号位上的数相加求和,用求出的和乘3,再从序号3开始把所有奇数序号上的数相加求和,用求出的和加上刚才偶数序号上的数,然后得出和。再用10减去这个和的个位数,就得出校验码。

3)码制区分

条形码的码制有很多种编码模式,常用的包括 EAN 码、UPC 码、39 码、128 码、Codabar(库德巴码)等。

①EAN 码/UPC 码(统一产品代码)。国际通用的编码体系是一种长度固定、无含义的条码,所表达的信息全部为数字,主要应用于国际商品标识。它只能表示数字,有 A、B、C、D、E 5 个版本。例如,当 UPC 作为 12 位进行解码时,定义如下:第一位 = 数字标识(由 UCC 统一代码委员会定义),第 2—6 位 =生产厂家的标识号,第 7—11 = 唯一的厂家产品代码,第 12 位 =校验位。

②Codabar(库德巴码)。Codabar 可表示数字 0—9,字符 \$ 、+ 、− ,还有只能用作起始/终止符的 a、b、c、d 4 个字符,可变长度,没有校验位,空白区比窄条宽 10,非连续性条形码,每个字符表示为 4 条 3 空。其主要应用于物料管理、图书馆、血站和包裹的发送管理。

③39 码和 128 码:ASCII 字符集编码,美国国防部和汽车行业最先使用Code39 码,我国目前为企业内部白定义码制,可以根据需要确定条码的长度和信息,它们的信息可以是数字,也可以包含字母,主要应用于工业生产线领域、图书管理等。

4)条形码的扫描与识别

将按照一定规则编译出来的条形码识别并转换成有意义的信息,需要经历扫描和译码两个过程。

①扫描。条形码的扫描需要扫描器,扫描器利用自身光源照射条形码,再利用光电转换器接受反射的光线,将反射光线的明暗转换成数字信号。常见的条形码扫描器有光笔、CCD、激光、摄像头等。其中,CCD 多用于手持式扫描器,激光扫描多用于条形码读取设备。近年来,应用摄像头来扫描条形码的情况越来越多,它的优势是对准条码的角度可以随意,可以集成在智能

手机等设备中。

②译码。白条、黑条的宽度不同,相应的电信号持续时间长短也不同。译码器通过测量脉冲数字电信号0、1的数目来判别条和空的数目。通过测量0、1信号持续的时间来判别条和空的宽度。然后根据条码对应的编码规则(例如:EAN - 8码),将条形符号换成相应的数字、字符信息。

设计与实践

1)图像梯度与边缘检测

图像边缘的检测一般是通过对图像进行梯度运算来实现的。图像梯度运算理解成对图像数据从各个方向(横向、纵向、斜方向等)进行求导,从而提取出图像的边缘。采用的图像梯度计算方法有 Sobel 算子、Scharr 算子与 Laplacian 算子。

①Sobel 算子是一阶导数的边缘检测算子,在算法实现过程中,通过 3×3 模板作为核与图像中的每个像素点做卷积和运算,然后选取合适的阈值以提取边缘。Sobel 算子算法的优点是计算简单,速度快,但是由于只采用了水平和垂直2个方向的模板,只能检测水平和垂直方向的边缘。

②Scharr 算子与 Sobel 的不同点是在平滑部分,其所用的平滑算子是 $1/16 * [3,10,3]$,相比于 $1/4 * [1,2,1]$,中心元素占的权重更重,比较适用于处理图像这种随机性较强的信号。

③Laplacian 算子是 n 维欧几里得空间中的一个二阶微分算子,定义为梯度 grad 的散度 div。

2)利用计算机视觉进行条形码的轮廓检测

利用摄像头获取条形码区域的图像数据后,可以利用计算机视觉相关算法进行条形码的轮廓检测,工作框架如下:

①获取包含条形码的图像并转换为灰度图。

②利用 Sobel 或 Scharr 算子计算水平 x 方向和垂直 y 方向上的梯度幅值,得到条形码图像的梯度表示。

③从梯度表示图中,初步提取包含高水平梯度和低竖直梯度的图像区域。

④模糊并二值化图像。使用 9×9 的内核对梯度图进行平均模糊,平滑梯

度表征的图形中的高频噪声。然后将模糊化后的图形进行二值化,梯度图中任何小于等于255的像素设为0(黑色),其余设为255(白色)。

⑤对二值化后的图像应用数学形态学中的闭运算,消除条形码竖条之间的缝隙。

⑥连续进行若干次数学形态学中的腐蚀及膨胀运算。腐蚀操作将会腐蚀图像中白色像素,以此来消除小斑点,而膨胀操作将使剩余的白色像素扩张并重新增长回去。

⑦最后找到图像中的最大轮廓,这就是检测到的条形码区域。

3)摄像头工作参数初始化

OpenAIE 人工智能开源控制板上固化进了 Python 计算机视觉库,其中的算法模块可以在编程中直接调用。

```
sensor. reset( )
sensor. set_pixformat( sensor. GRAYSCALE)
sensor. set_framesize( sensor. VGA) # High Res!
sensor. set_windowing((640, 80)) # V Res of 80  = = less work (40 for 2X the speed).
sensor. skip_frames(30)
sensor. set_auto_gain(False)   # must turn this off to prevent image washout...
sensor. set_auto_whitebal(False)   # must turn this off to prevent image washout...
```

将摄像头设置成 640 × 480 分辨率,OV7725 工作模式,条码检测工作在 RGB565 模式、高分辨率和灰度模式。

4)设定条码的码制

在 Python 中,定义一个函数要使用 def 语句,依次写出函数名、括号、括号中的参数和冒号,然后在缩进块中编写函数体,函数的返回值用 return 语句返回。

由于 Python 语言没有 C 语言中常用的 Switch 语句。只能使用 if 条件语句来设计码制选择函数,供主程序调用。

```
def barcode_name( code) :
    if( code. type( )  = = image. EAN2) :
        return " EAN2"
```

```
if( code. type( )  = =  image. EAN5) :
    return " EAN5"
if( code. type( )  = =  image. EAN8) :
    return " EAN8"
if( code. type( )  = =  image. UPCE) :
    return " UPCE"
if( code. type( )  = =  image. ISBN10) :
    return " ISBN10"
if( code. type( )  = =  image. UPCA) :
    return " UPCA"
if( code. type( )  = =  image. EAN13) :
    return " EAN13"
if( code. type( )  = =  image. ISBN13) :
    return " ISBN13"
if( code. type( )  = =  image. I25) :
    return " I25"
if( code. type( )  = =  image. DATABAR) :
    return " DATABAR"
if( code. type( )  = =  image. DATABAR_EXP) :
    return " DATABAR_EXP"
if( code. type( )  = =  image. CODABAR) :
    return " CODABAR"
if( code. type( )  = =  image. CODE39) :
    return " CODE39"
if( code. type( )  = =  image. PDF417) :
    return " PDF417"
if( code. type( )  = =  image. CODE93) :
    return " CODE93"
if( code. type( )  = =  image. CODE128) :
    return " CODE128"
```

5) 条码识别设计

　　板上 Python 库中提供 image. find_barcodes([roi])方法,用来查找 roi 内所有一维条形码并返回一个 image. barcode 对象列表。请参考 image. barcode

对象以获取更多信息。

为了获得最佳效果,需要使用长 640、宽 40/80/160 窗口,垂直程度越低,运行速度越快。由于条形码是线性一维图像,所以只需在一个方向上有较高分辨率,而在另一方向上只需较低分辨率。注意:该函数进行水平和垂直扫描,所以可使用宽 40/80/160、长 480 的窗口。最后,请一定调整镜头,这样条形码会定位在焦距产生最清晰图像的地方。模糊条码无法被解码。

roi 是一个用以复制的矩形的感兴趣区域(x, y, w, h)。如果未指定,roi 即整幅图像的图像矩形。操作范围仅限于 roi 区域内的像素。

该函数支持所有一维条形码有:EAN2、EAN5、EAN8、UPCE、ISBN10、UP-CA、EAN13、ISBN13、I25、DATABAR(RSS-14)、DATABAR_EXP(RSS-Expand-ed)、CODABAR、CODE39、PDF417、CODE93、CODE128 等。

相关代码:

```
img = sensor. snapshot( )
codes = img. find_barcodes( )
```

利用人工智能开源控制板固化的 Python 人工智能视觉算法进行条形码的识别

```
while( True) :
    clock. tick( )
    img = sensor. snapshot( )
    codes = img. find_barcodes( )
    for code in codes :
        img. draw_rectangle( code. rect( ))
        print_args = ( barcode_name( code), code. payload( ), ( 180 * code.
rotation( )) / math. pi, code. quality( ), clock. fps( ))
        print( " Barcode % s, Payload " % s", rotation % f ( degrees), quality
% d, FPS % f" % print_args)
    if not codes :
        print( " FPS % f" % clock. fps( ))
```

6)Python 编程及实现

集成以上 3 阶段的程序过程设计,编写出完整的条形码识别 Python 程序,写入人工智能开源控制板中。程序运行情况如图 10.4 所示,右上区域显示出了摄像头捕捉到的条形码图像,左下区域显示的是实时检测识别出的条形码信息。

```
import sensor, image, time, math

sensor.reset()
sensor.set_pixformat(sensor.GRAYSCALE)
sensor.set_framesize(sensor.VGA) # 高分辨率
sensor.set_windowing((640, 80)) # V Res of 80 == less work (40 for 2X the speed).
sensor.skip_frames(30)
sensor.set_auto_gain(False)          # 必须关闭它以防止图像冲刷...
sensor.set_auto_whitebal(False)      # 必须关闭它以防止图像冲刷...
clock = time.clock()


# 条形码检测可以在 OpenAIE Cam 的 OV7725 相机模块的完整 640x480 分辨率下运行。
#条形码检测也可以在 RGB565 模式下工作,但分辨率较低。
#也就是说,条形码检测需要更高的分辨率才能正常工作,
#因此应始终以 640×480 的灰度运行...
def barcode_name(code):
    if(code.type() == image.EAN2):
        return "EAN2"
    if(code.type() == image.EAN5):
        return "EAN5"
    if(code.type() == image.EAN8):
        return "EAN8"
    if(code.type() == image.UPCE):
        return "UPCE"
    if(code.type() == image.ISBN10):
        return "ISBN10"
    if(code.type() == image.UPCA):
        return "UPCA"
    if(code.type() == image.EAN13):
        return "EAN13"
    if(code.type() == image.ISBN13):
```

```
                return "ISBN13"
        if(code. type() = = image. I25):
                return "I25"
        if(code. type() = = image. DATABAR):
                return "DATABAR"
        if(code. type() = = image. DATABAR_EXP):
                return "DATABAR_EXP"
        if(code. type() = = image. CODABAR):
                return "CODABAR"
        if(code. type() = = image. CODE39):
                return "CODE39"
        if(code. type() = = image. PDF417):
                return "PDF417"
        if(code. type() = = image. CODE93):
                return "CODE93"
        if(code. type() = = image. CODE128):
                return "CODE128"


while(True):
        clock. tick()
        img = sensor. snapshot()
        codes = img. find_barcodes()
        for code in codes:
                img. draw_rectangle(code. rect())
                print_args = (barcode_name(code), code. payload(), (180 *
code. rotation()) / math. pi, code. quality(), clock. fps())
                print(" Barcode % s, Payload "% s", rotation % f (degrees),
quality % d, FPS % f" % print_args)
        if not codes:
                print("FPS % f" % clock. fps())
```

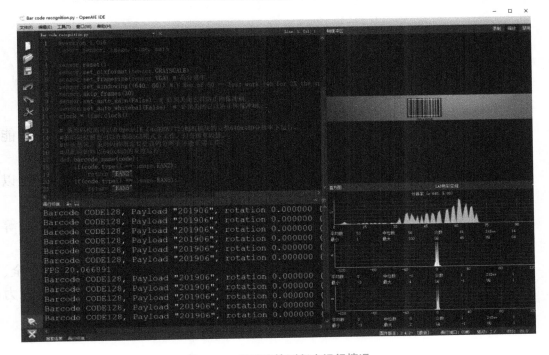

图 10.4　条形码检测程序运行情况

四 调试、验证及完善

完成以上 Python 程序的编写后，上传到 AIE 控制板。运行程序时，如果提示有语法错误，需要逐一进行修改。程序运行过程中，参考以下经验对遇到的问题进行改进：

①如果视频显示区显示出的视频图像清晰，条形码也较清晰可见，但却没有正确识别出条形码信息，则要认真检查相关程序代码是否有误。

②调试过程中，利用串口终端显示区观察条形码的识别情况。print（"Barcode % s，Payload "% s"，rotation % f（degrees），quality % d，FPS % f"% print_args）函数把识别出的条形码的属性和内容全部显示出来，查看信息是否正确。

③识别条形码时，白色背景条件下的识别准确性要好很多，光线好的情况下，识别准确性也要好很多。调试程序时，注意背景和光线的选取。

⑥ 分析与思考

①互联网上有很多在线条形码生成器,了解它们的功能和用法,看看能否生成一批你所需要的条形码。

②了解人工智能开源硬件板的对外接口,利用人工智能开源硬件板可以设计条形码应用系统吗?针对你的创意还有什么欠缺,给出一个解决方案。

③针对校园或社会生活,条形码还能发挥什么作用?结合如 Arduino 等开源硬件和传感器设计一个解决方案。

④网上收集更进一步的条形码资料,从信息容量、识别速度、数据安全、抗污损能力等方面与二维码作比较。条形码的抗污损能力差、信息安全能力不足等欠缺,思考有什么对策。

项目11　计算机视觉与二维码识别系统

图 11.1　生活中的共享单车

2014 年,4 名北大毕业生创立了 OFO 公司,致力于通过共享单车解决大学校园的出行问题。2015 年,超过 2 000 辆共享单车服务于北大校园。紧接着,OFO 共享单车走出北大,在其他 7 所首都高校成功推广,累计服务在校师生近 90 万次。2016 年底开始,共享单车迅速火爆并推广到国内外。

与传统单车不同,共享单车的核心技术是智能车锁(图 11.1)。共享单车的车锁一般包括中央控制单元、GPS 定位模块、无线移动通信模块 2G、蓝牙模块、机电锁车装置等。中央控制单元通过无线移动通信模块与后台管理系统进行连接,把从 GPS 模块获取的位置信息发送给后台控制系统,后台系统标识成功后通过通信模块向中心控制单元发送解锁指令,接收到后台发送的机电锁车装置开、关锁的状态信息后开启机械锁的控制插销开锁成功,当用户使用完成锁车时,会触发电子控制模块的锁车控制开关,然后中央控制器通过无线移动通信模块通知后台管理系统锁车。

共享单车应用就是通过"用户手机-二维码-云端后台-智能车锁"之间的信息传递来完成的,包括解锁和闭锁两个最关键的过程。"GPS 定位 + 蓝牙"解锁和还车模式应用得很普遍。用户使用手机先扫单车上二维码,而后向云端发起解锁请求;云端对用户信息、单车信息进行核查,而后将授权信息发送给手机;用户通过手机蓝牙接口将解锁指令和授权信息传递给单车的智能锁,智能锁核验授权信息后解锁,并将解锁成功的信息通知手机;手机将解锁成功的信息回复给云端,云端开始给用户计费。共享单车系统的工作原理如图 11.2 所示。

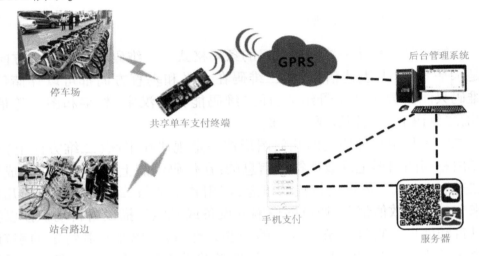

图 11.2　共享单车系统的工作原理

(2) 任务与目标

①了解图像处理及二维码识别技术的基本原理、相关算法和应用框架;

②掌握运用人工智能开源硬件设计智能应用系统的方法,掌握 Python 语言的编程方法;

③应用人工智能开源硬件和 Python 相关算法模块设计二维码扫描与识别应用系统;

④利用 Python 编程,编写二维码提取及识别算法,实现对二维码的识别解码功能,针对生活应用场景,进一步创新设计具有实用价值的二维码应用系统。

（3）知识准备

1）二维码的基本概念

二维码是一种比一维码更高级的条码格式。一维码只能在一个方向（一般是水平方向）上表达信息，而二维码在水平和垂直方向都可以存储信息。一维码只能由数字和字母组成，而二维码能存储汉字、数字和图片等信息。因此，二维码的应用领域要广得多。

二维码是用某种特定的几何图形按一定规律在平面（二维方向上）分布的黑白相间的图形记录数据符号信息的；在代码编制上巧妙地利用构成计算机二进制"0""1"逻辑比特流的概念，使用若干个与二进制相对应的几何形体来表示文字数值信息，通过图像输入设备或光电扫描设备自动识读以实现信息自动处理。它具有条码技术的一些共性：每种码制有其特定的字符集，每个字符占有一定的宽度，具有一定的校验功能等；同时还具有对不同行的信息自动识别功能及处理图形旋转变化点。

2）矩阵式二维码

二维码可以分为堆叠式二维码和矩阵式二维码。堆叠式二维码由多行短截的一维条码堆叠而成，其编码原理是建立在一维条码基础之上，按需要堆积成二行或多行。它在编码设计、校验原理、识读方式等方面继承了一维条码的一些特点，识读设备与条码印刷与一维条码技术兼容。但由于行数的增加，需要对行进行判定，其译码算法与软件也不完全相同于一维条码。

矩阵式二维码是建立在计算机图像处理技术、组合编码原理等基础上的一种新型图形符号自动识读处理码制（图 11.3）。矩阵式二维码以矩阵的形式组成，在矩阵相应元素位置上用"点"表示二进制"1"，用"空"表示二进制"0"，"点"和"空"的排列组成代码。矩阵式二维码在一个矩形空间通过黑、白像素在矩阵中的不同分布进行编码。在矩阵相应元素位置上，用点（方点、圆点或其他形状）的出现表示二进制"1"，点的不出现表示二进制的"0"，点的排列组合确定了矩阵式二维码所代表的意义。

图 11.3　矩阵式二维码的定义

3）二维码的特点

多行组成的条形码，不需要连接一个数据库，本身可存储大量数据，可应用于物料管理、货物运输，当条形码受一定破坏时，错误纠正能使条形码能正确解码二维码。它是一个多行、连续性、可变长、包含大量数据的符号标识。每个条形码有 3～90 行，每一行有一个起始部分、数据部分、终止部分。它的字符集包括所有 128 个字符，最大数据含量是 1 850 个字符。

二维条码具有储存量大、内容丰富多样、保密性强（高加密性）、追踪性强、纠错能力强、识别率高、成本便宜等特性，特别是即使有一部分磨损或者缺失还是可供识别辨认等特点，使二维码成为一维条码的补充和扩展，应用得更加广泛。

①编码信息容量大。可容纳多达 1 850 个大写字母，或 2 710 个数字，或 1 108 个字节，或 500 多个汉字，比普通条码信息容量约高几十倍。

②编码范围广。二维码可以把图片、声音、文字、签字、指纹等可以数字化的信息进行编码，用条码表示出来；可以表示多种语言文字；可表示图像数据。

③容错纠错能力强。这使二维码因穿孔、污损等引起局部损坏时，照样可以正确识读，损毁面积达 30% 仍可恢复信息。

④译码可靠性高。它比普通条码译码错误率百万分之二要低得多，误码率不超过千万分之一。

⑤便于推广应用。可引入加密措施，保密性、防伪性好。二维码符号形状、尺寸大小比例可变，成本低，易制作，持久耐用。

二维码在社会生活中得到了广泛应用，也陆续暴露出一些不足：二维码应用的安全性也正备受挑战，带有恶意软件和病毒正成为二维码普及道路上的绊脚石。发展与防范二维码的滥用正成为一个亟待解决的问题。扫描二维码有时候会刷出一条链接，提示下载软件，而有的软件可能藏有病毒。其中一部分病毒下载安装后会对手机、平板电脑造成影响；还有部分病毒则是犯罪分子伪装成应用的吸费木马，一旦下载就会导致手机自动发送信息并扣取大量话费。

4）QR Code 二维码

①基本特性。在目前几十种二维条码中，常用的码制有 QR Code、PDF417 二维条码、Datamatrix 二维条码、Maxicode 二维条码、Code 49。其中，QR 码是一种矩阵二维码符号，具有一维条码及其他二维条码所具有的信息

容量大、可靠性高、可表示汉字及图像多种文字信息、保密防伪性强等优点。QR 码基本特性见表 11.1。

表 11.1　QR 码基本特性一览表

特　性	描　述
符号规格	21×21 模块(版本 1)到 177×177 模块(版本 40),每提高一个版本,每边增加 4 个模块
数据类型与容量	数字数据为 7 089 个字符,字母数据为 4 296 个字符; 参照最大规格符号版本 40－L 级:8 位字节数据为 2 953 个字符,汉字数据为 1 817 个字符
数据表示方法	深色模块表示二进制"1",浅色模块表示二进制"0"
纠错能力	分为 L 级、M 级、Q 级、H 级四级,分别对应可纠错 7%、15%、25%、30% 的数据码字
结构链接(可选)	可用 1～16 个 QR 码符号表示一组信息,每一符号表示 100 个字符的信息
掩模(固有)	可以使符号中深色与浅色模块的比例接近 1∶1,使因相邻模块的排列造成译码困难的可能性降为最小
扩充解释(可选)	这种方式使符号可以表示缺省字符集以外的数据(如阿拉伯字符、古斯拉夫字符、希腊字母等),以及其他解释(如用一定的压缩方式表示的数据)或者对行业特点的需要进行编码
独立定位功能	QR 码可高效地表示汉字,相同内容,其尺寸小于相同密度的 PDF417 条码。目前市场上的大部分条码打印机都支持 QR 码,其专有的汉字模式更加适合我国应用。因此,QR 码在我国具有良好的应用前景

　　②图形结构。QR 码的图形可以分为编码区和功能图形,如图 11.4 所示,编码区又可以分为数据与纠错码、格式信息模块和版本信息模块、版本号;功能图形主要包括寻像图像、定位图像以及校正图像。

　　③高速识读性能。QR 码的英文名称是 Quick Response Code,超高速识读特点是 QR 码区别于 PDF417、Data Matrix 等二维码的主要特性。由于在用 CCD 识读 QR 码时,整个 QR 码符号中信息的读取是通过 QR 码符号的位置探测图形,用硬件来实现的。这个信息识读过程所需时间很短,具有超高速识读特点。用 CCD 二维条码识读设备,每秒可识读 30 个含有 100 个字符的 QR 码符号;对于含有相同数据信息的 PDF417 条码符号,每秒仅能识读 3 个符号;对于 Data Matrix 矩阵码,每秒仅能识读 2～3 个符号。QR 码的超高速识读特性使它能够广泛应用于工业自动化生产线管理等领域。

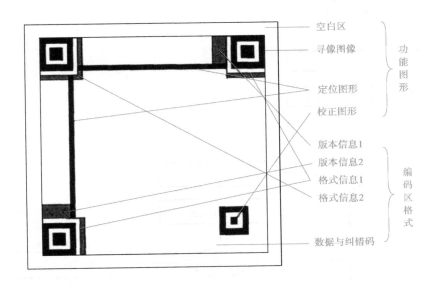

图11.4　QR码图形结构

④全方位识读。QR码具有全方位(360°)识读特点,这是QR码优于行排式二维条码如PDF417条码的另一主要特点,由于PDF417条码是将一维条码符号在行排高度上的截短来实现的,因此,它很难实现全方位识读,其识读方位角仅为±10°。

⑤能够有效地表示汉字。由于QR码用特定的数据压缩模式表示汉字,它仅用13 bit可表示一个汉字,而PDF417条码、Data Matrix等二维码没有特定的汉字表示模式,因此仅用字节表示模式来表示汉字,在用字节模式表示汉字时,需用16 bit(二个字节)表示一个汉字,因此QR码比其他的二维条码表示汉字的效率提高了20%。

5) 二维码解码识别技术

基于图像处理的二维码解码算法大体上可以分为5个步骤:图像预处理、定位与校正、读取数据、纠错以及译码。二维码解码流程如图11.5所示。

首先,要对进行处理。捕获的彩色图像先做灰度化,接下来进行图像预处理。方法是对灰度图像进行二值化,再用滤波算法消除噪声。

二维码区域定位是一个重要过程。结合图像特征、图像形态学、轮廓跟踪、曲线拟合等技术对二维码区域进行定位计算。

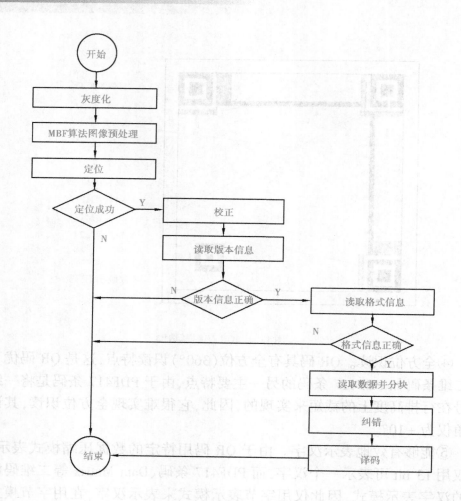

图 11.5 二维码解码流程

定位成功后,要进行校正处理。采用平面投影转换进行图像的校正,然后通过线性插值技术来修正图像。待校正的图像已经是二值图形,可以选用最邻近插值算法,即选择距离坐标点最近的坐标点的像素值作为目标点的像素值。

提取数据信息前,还要进行去除掩码工作。根据读取到的掩码编号生成掩码图形,对二维码的数据进行去除掩码操作,即用掩码图形对编码区进行异或操作。

最后是译码输出工作,根据二维码的数据编码规则对数据进行解释。

1）二维码结构特征

特别要关注的是图11.6中的3个黑色正方形区域,它们就是用来定位一个二维码的最重要的3个区域,二维码扫描检测首先要做的就是要发现这3个区域,如果找到这3个区域,就成功地检测到一个二维码了,就可以对它进行定位与识别了。3个角上的正方形区域从左到右、从上到下黑白比例为1:1:3:1:1。不管角度如何变化,这个是最显著的特征,通过这个特征就可以实现二维码扫描检测与定位。

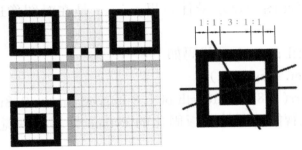

图11.6　标准的矩阵二维码结构

2）二维码的定位与检测算法设计

基于二值图像轮廓分析可以实现二维码定位与检测。首先利用摄像头捕捉图像,然后进行二维码检测和定位,其步骤如下:

①先对图片进行灰度处理,再对图像做二值化处理。

②对二值化图像在垂直 y、水平 x 方向进行形态学上的开操作,即进行先腐蚀后膨胀的操作。

③接下来标记联通区域,找到二维码的3个特征区域。

④最后,通过定位二维码图案找到二维码所在的区域,提取这个区域。

3）二维码解析识别功能 Python 编程方法

人工智能开源控制板上固化进了 Python 计算机视觉库,其中的算法模块可以在编程中直接调用。

①摄像头工作参数初始化。

```
import sensor, image
sensor. reset()
sensor. set_pixformat(sensor. RGB565)
sensor. set_framesize(sensor. QQVGA)  # can be QVGA on M7...
sensor. skip_frames(30)
sensor. set_auto_gain(False)  # must turn this off to prevent image wash-out...
```

将摄像头设置成进行二维码检测的 RGB565、高分辨率和灰度模式。

②图像畸变校正。

利用 image. lens_corr([strength = 1.8[, zoom = 1.0]]) 方法进行镜头畸变校正,以去除镜头造成的图像鱼眼效果。其中,strength 是一个浮点数,该值确定了对图像进行去鱼眼效果的程度。在默认情况下,首先试用取值 1.8,然后调整这一数值使图像显示最佳效果。zoom 是在对图像进行缩放的数值。默认值为 1.0 。

镜头畸变校正的 Python 代码如下:

```
img = sensor. snapshot()
img. lens_corr(1.8)  # strength of 1.8 is good for the 2.8mm lens.
```

③利用人工智能开源控制板固化的 Python 计算机视觉算法进行二维码的识别。

利用 image. find_qrcodes([roi]) 方法查找 roi 区域内的所有二维码,并返回一个 image. qrcode 对象的列表。为使识别过程顺利,图像上二维码需比较平展。通过使用 sensor. set_windowing 方法设置工作区域,利用 image. lens_corr 函数来消除镜头的桶形畸变。

roi 是一个用以复制的矩形的感兴趣区域(x, y, w, h)。如果未指定,roi 即整幅图像的图像矩形。操作范围仅限于 roi 区域内的像素。

进行二维码的识别的 Python 代码如下:

```
img = sensor. snapshot()
img. lens_corr(1.8)  # strength of 1.8 is good for the 2.8mm lens.
for code in img. find_qrcodes():
    print(code)
```

4) Python 编程及系统实现

集成以上 3 阶段的程序过程设计,编写出完整的条形码识别 Python 程序,写入人工智能开源控制板中。二维码程序运行情况如图 11.7 所示,右上区域显示出了摄像头捕捉到的二维码图像,左下区域显示的是实时检测识别出的二维码码信息。

```
import sensor, image

sensor.reset()
sensor.set_pixformat(sensor.RGB565)
sensor.set_framesize(sensor.QVGA)
sensor.skip_frames(30)
sensor.set_auto_gain(False)    #必须关闭它以防止图像冲刷...
while(True):
    img = sensor.snapshot()
    img.lens_corr(1.3)    #图像的畸变校正,经测试1.3效果可以完成需求
    for code in img.find_qrcodes():
        print(code)
```

图 11.7　二维码检测程序运行情况

（5）调试、验证及完善

完成以上 Python 程序的编写后，上传到 AIE 控制板。运行程序时，如果提示有语法错误，需要逐一进行修改。程序运行过程中，参考以下经验对遇到的问题进行改进：

①如果视频显示区显示出的视频图像清晰，二维码也较清晰可见，但却没有正确识别出二维码信息，则要认真检查相关程序代码是否有误。

②使用 find_qrcodes 函数只能用于识别 QRCODE 码，首先需要确认检测时所使用二维码的类型是否正确。

③调试过程中，利用串口终端显示区观察二维码的识别情况。print（code）函数把识别出的二维码的属性和内容全部显示出来，查看信息是否正确。

④识别二维码时，白色背景条件下的识别准确性要好很多，光线好的情况下，识别准确性也要好很多。调试程序时，注意背景和光线的选取。

（6）分析与思考

①互联网上有很多在线二维码生成器，了解它们的功能和用法，看看能否生成一批你所需要的二维码。提出你的设计方案，并进行尝试。

②了解人工智能开源硬件板的对外接口，利用人工智能开源硬件板可以设计二维码应用系统吗？针对你的创意还有什么欠缺，给出一个解决方案。

③针对校园或社会生活，二维码还能发挥什么作用？结合诸如 Arduino 等开源硬件和传感器设计一个解决方案。

④早期火车票实名制实施初期票面二维码采用明文 QR 编码，曾被不法分子利用来收集旅客姓名、身份证等用户隐私信息。进一步了解二维码应用系统存在哪些安全隐患，思考有什么对策。

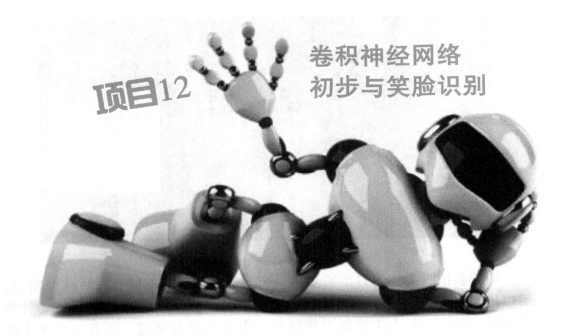

项目12　卷积神经网络
初步与笑脸识别

（1）问题的提出

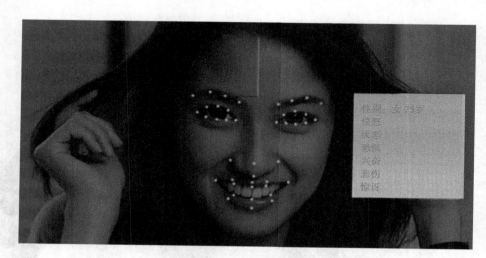

图 12.1   人脸表情识别技术

　　面部表情是人体语言的重要组成部分,是人类生理和心理活动的窗口,可以传递人类的内心情感状态(图 12.1)。当前,面部表情分析已经成为计算机视觉、模式识别、人工智能等领域的一个热点研究课题。随着生活水平的提高,人们的旅游、娱乐活动越来越多,大家都热衷于拍一些照片,留下美好的记忆。新款的相机都采用了智能技术,能够自动检测到取景框内的人脸,自动往人脸对焦和合焦,拍下高质量的人物照片。智能手机的相机功能里也普遍采用了自动发现和跟踪人脸、自动对焦的技术,辅助人们拍下美好画面。

（2）任务与目标

　　①了解卷积神经网络(CNN)的基本原理、相关算法和应用方法;
　　②了解笑脸检测技术的基本原理、模型结构和应用框架;
　　③了解运用人工智能开源硬件和 OpenAIE Python 库中 CNN 算法设计人脸检测笑脸识别功能的编程方法;
　　④针对生活应用场景,进一步开展创意设计,设计具有实用价值的笑脸

检测应用系统。

知识准备

1) 机器学习

从 20 世纪 50 年代，人工智能的发展经历了"推理期"，通过赋予机器逻辑推理能力使机器获得智能。20 世纪 70 年代，人工智能的发展进入"知识期"，即将人类的知识总结出来教给机器，使机器获得智能。无论是"推理期"还是"知识期"，机器都是按照人类设定的规则和总结的知识运作，永远无法超越其创造者。此后，人们开始机器学习（Machine Learning）的研究，人工智能进入"机器学习时期"，机器能够通过自我学习获得智能。

机器学习是一门多学科交叉专业，涵盖概率论知识、统计学知识、近似理论知识和复杂算法知识，使用计算机作为工具并致力于真实、实时地模拟人类的学习方式，并将现有内容进行知识结构划分来有效提高学习效率。专门研究计算机怎样模拟或实现人类的学习行为，以获取新的知识或技能，重新组织已有的知识结构使之不断改善自身的性能。机器学习是研究怎样使用计算机模拟或实现人类学习活动的科学，是人工智能中最具智能特征、最前沿的研究领域之一。机器学习的研究方向主要包括决策树、随机森林、人工神经网络、贝叶斯学习等方面的研究。

2) 深度学习

深度学习（Deep Learning）是 Hinton 等人提出的一种研究信息的最佳表示及其获取方法的技术，在神经网络或信念网络的情况下是对基于深层结构或网络表示的输入输出间映射进行机器学习的过程。

深度学习属于机器学习的学术、工程领域研究中一个新的方向，可理解为人工神经网络的发展，本质上是训练深层结构模型的方法，也是对于通过多层来表示对数据之间的复杂关系进行建模的算法，目的是实现人工智能（Artificial Intelligence）的普及化。

当前回归、分类等多数学习方法一般都是浅层结构的算法，在有限的有标签样本和大量无标签样本的情况下，少量计算单元的表示能力有限，进而其泛化能力也受到了一定的制约。并且浅层模型还有一个重要特点，就是需靠人工经验来抽取样本的特征,它强调模型的主要任务是分类或预测。在模型不变的情况下,特征选取的好坏就成为整个系统性能的关键部分,这通常需要大量的人力去发掘更好的特征,而且也需要大量时间去调节,很费时费力。深度学习网络就像人类大脑的学习机制一样,在面临大量的感知信息时,通过低层特征的组合形成更加抽象的高层特征,学习到数据的分布式特征,从而可像人脑一样实现对输入信息的分级表达来表示信息的属性或类别。

深度学习的具体过程可简述为:挖掘所给样本数据的内在规律与联系,提取、分析样本的特征信息,如图像、文本和声音,处理数据信息并发出指令,控制机器的行为,使机器具有类似于人类的学习、分析、识别、处理等能力。

深度学习是一类模式分析方法的统称,就具体研究内容而言,大致有卷积神经网络、基于多层神经元的自编码神经网络和深度置信网络3类。

目前,深度学习在多个领域取得了很多成果,如数据挖掘、机器翻译、语音识别、人脸支付、推荐服务、个性化搜索。深度学习可使机器高度模仿人类社会的具体活动,对很多复杂的识别模式很有帮助,促进了人工智能等相关领域的发展。

3) 神经网络

神经网络(Neural Network,NN)是一种应用类似于大脑神经突触连接的结构进行信息处理的数学模型,是一种模仿生物神经网络的结构和功能的数学模型或计算模型,用于对函数进行估计或近似。它建立 M 个隐藏层,按顺序建立输入层与隐藏层的联结,最后建立隐藏层与输出层的联结。为每个隐藏层的每个节点选择激活函数。求解每个联结的权重和每个节点自带的 bias 值,如图 12.2 所示。

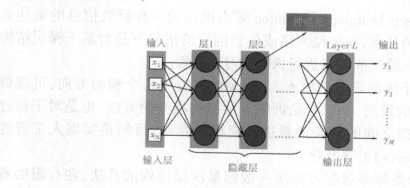

图 12.2 神经网络的基本结构

神经网络主要由输入层、隐藏层、输出层构成。当隐藏层只有一层时,该网络为两层神经网络,由于输入层未做任何变换,可以不看作单独的一层。实际中,网络输入层的每个神经元代表了一个特征,输出层个数代表了分类标签的个数(在做二分类时,如果采用 Sigmoid 分类器,输出层的神经元个数为 1 个;如果采用 Softmax 分类器,输出层神经元个数为 2 个),而隐藏层层数以及隐藏层神经元是由人工设定。

激活函数就是对各个路径的输入求和之后进一步增强的函数。典型的有如下几个:

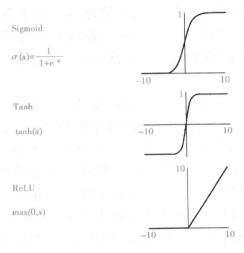

Sigmoid

$\sigma(x) = \dfrac{1}{1+e^{-x}}$

Tanh

$\tanh(x)$

ReLU

$\max(0, x)$

图 12.3　神经网络的激活函数

早期的神经网络采用的激活函数通常是 Sigmoid 或者 Tanh 函数,这两种函数最大的缺点就是其饱和性。当输入的 x 过大或过小时,函数的输出会非常接近 +1 与 −1,此时的斜率会非常小,当在训练中引用梯度下降时,由于饱和会使梯度变化非常小,严重降低了网络的训练速度。Alexnet 等 CNN 网络已经不采用 Sigmoid 函数了,使用 ReLU 作为激活函数,表达式为 $\max(0, x)$。

激励层的实践经验。神经网络的 3 个激活函数如图 12.3 所示。

4)卷积神经网络

①卷积神经网络的基本概念。卷积神经网络(Convolutional Neural Network,CNN)是一类包含卷积计算且具有深度结构的前馈神经网络,是深度学习的代表算法之一。卷积神经网络具有表征学习(Representation Learning)能力,能够按其阶层结构对输入信息进行平移不变分类。

对卷积神经网络的研究始于 20 世纪 80 至 90 年代,时间延迟网络(TDNN)和 LeNet-5 是最早出现的卷积神经网络。第一个卷积神经网络据认为是 1987 年提出的时间延迟网络(Time Delay Neural Network,TDNN)。

TDNN 是一个应用于语音识别问题的卷积神经网络,使用 FFT 预处理的语音信号作为输入,其隐含层由 2 个一维卷积核组成,以提取频率域上的平移不变特征。由于在 TDNN 出现之前,人工智能领域在反向传播算法(Back—Propagation, BP)的研究中取得了突破性进展,因此 TDNN 得以使用 BP 框架内进行学习。Yann LeCun 在 1989 年构建了应用于计算机视觉问题的卷积神经网络,即 LeNet 的最初版本。LeNet 包含 2 个卷积层,2 个全连接层,共计 6 万个学习参数,规模远超 TDNN 等神经网络,且在结构上与现代的卷积神经网络十分接近。LeNet 在对权重进行随机初始化后使用了随机梯度下降(Stochastic Gradient Descent, SGD)进行学习,这一策略被其后的深度学习研究所保留。此外,LeCun 在论述其网络结构时首次使用了"卷积"一词,"卷积神经网络"也因此得名。

在 LeNet 的基础上,1998 年 LeCun 等研究者构建了更加完备的卷积神经网络 LeNet-5 并在手写数字的识别问题中取得成功,如图 12.4 所示。LeNet-5 沿用了 LeCun 的学习策略并在原有设计中加入了池化层对输入特征进行筛选。LeNet-5 及其后产生的变体定义了现代卷积神经网络的基本结构,其构筑中交替出现的卷积层-池化层被认为能够提取输入图像的平移不变特征。LeNet-5 的成功使卷积神经网络的应用得到关注,基于卷积神经网络的应用研究得也火热展开,包括光学字符读取(OCR)、人像识别、手势识别等应用系统不断成功。

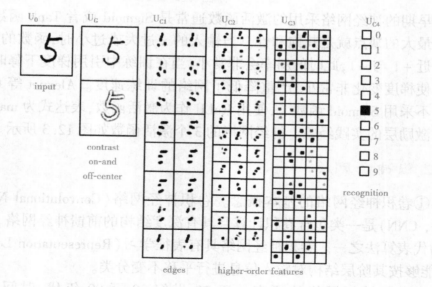

图 12.4　早期的卷积神经网络 LeNet-5 应用于手写数字识别

在 2006 年深度学习理论被提出后,卷积神经网络的表征学习能力得到了关注,并随着数值计算设备的改进得到快速发展,被应用于计算机视觉、自然语言处理等领域。自 2012 年的 AlexNet 开始,得到 GPU 计算集群支持的复杂卷积神经网络多次成为 ImageNet 大规模视觉识别竞赛(ILSVRC)的优胜算法,包括 2013 年的 ZFNet、2014 年的 VGGNet、GoogLeNet 和 2015 年的 ResNet。卷积神经网络仿造生物的视知觉(Visual Perception)机制构建,可以进行监督学习和非监督学习,其隐含层内的卷积核参数共享和层间连接的稀疏性使得卷积神经网络能够以较小的计算量对格点化(Grid-like Topology)特征,例如像素和音频进行学习、有稳定的效果且对数据没有额外的特征工程(Feature Engineering)要求。

②卷积神经网络模型的基本结构。卷积神经网络是一种带有卷积运算的神经网络,采用局部感知域和权值共享的方法,大大减少了网络的参数的个数,不仅降低网络模型的复杂程度,而且缓解了网络模型过拟合的问题。卷积操作对平移、比例缩放以及其他形式的变形具有一定不变性。

典型的卷积神经网络主要由输入层、卷积层、池化层、全连接层和输出层构成,其结构图如图 12.5 所示。

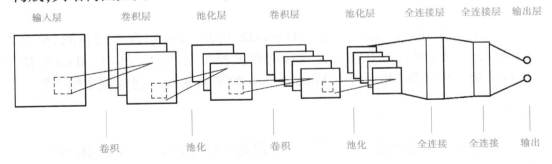

图 12.5　典型的卷积神经网络结构图

●输入层:用于将数据输入神经网络中。卷积神经网络中输入层的结构可以是多维的,例如 MNIST 数据集中是 28×28 像素的灰度图片,因此输入为 28×28 的二维矩阵。

●卷积层:使用卷积核提取特征。在卷积层,用一个参数可调的卷积核与上一层特征图进行滑动卷积运算再加上一个偏置量得到净输出,最后通过一个激活函数就能得到卷积的结果,即输出特征映射图。

卷积后输出的矩阵数据成为特征映射图,一个卷积核输出一个特征映射图,卷积操作是一种线性计算,因此通常在卷积后进行一次非线性映射。

●池化层:将卷积得到的特征映射图进行稀疏处理,减少数据量,操作与卷积基本相似,不同的是卷积操作是一种线性计算,而池化的计算方法更多样化,一般有如下计算方式:

最大池化:取样池中的最大值作为池化结果。

均值池化:取样池中的平均值作为池化结果。

还有重叠池化、均方池化、归一化池化等方法。

● 全连接层:经过卷积和降采样后,原始图片的高级特征已经被提取出来了。全连接层在网络的末端对提取后的特征进行恢复,重新拟合,减少因为特征提取而造成的特征丢失。全连接层的神经元数需要根据经验和实验结果进行反复调参。

● 输出层:用于将最终的结果输出,针对不同的问题,输出层的结构也不相同,例如 MNIST 数据集识别问题中,输出层为有 10 个神经元的向量。全连接层的输出通过对输入的特征做加权求和,再加上偏置量,最后通过激活函数获得最终输出。

(4) 设计与实践

人工智能开源控制板固化了 OpenAIE Python 库,包含人脸检测、笑脸识别模型及开发接口,可以实现人脸检测和笑脸识别功能。其中,Haar 算法集进行通用对象检测,并内置有 Frontal Face 检测器来检测视频帧中的人脸。

1)SmileNet 模型结构

为了快速识别笑脸,定义了一个 3 层的 CNN 的 SmileNet 模型,如图 12.6 所示。

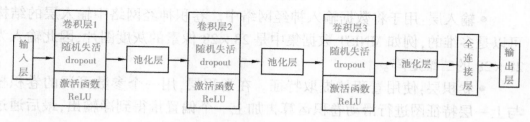

图 12.6 SmileNet 网络结构图

SmileNet 网络由以下几层组成:

① 卷积层。卷积层负责从图像中提取特征。通过随机失活(Dropout)方式在训练阶段忽略随机节点来避免过拟合,就是在前向传播的时候,让某个神经元的激活值以一定的概率 p 停止工作,使得模型泛化性变强。激活函数使用 ReLU,该函数收到任何负输入,则返回 0,但对于任何正值 x,它将返回该值。

②池化层。池化层负责逐步减小模型的空间大小，从而减少参数的数量和网络中的计算量，从而也控制过度拟合。

③全连接层。全连接层用来把前边提取到的特征综合起来，起分类器的作用，将得到的特征表示映射到样本标记空间。

2）CNN 神经网络的加载及应用方法

AIE 控制板上 Python 库中提供了 Net 类，进行神经网络模型的加载和计算处理，包括 load、forward 和 search 3 种方法。先加载神经网络模型，构造出一个 CNN 神经网络 Net 类，就可以使用 forward 和 search 方法进行网络搜索。

①class nn.load(path)方法：用来将神经网络从.network 二进制参数文件加载到内存中，构造一个 CNN 神经网络 Net 类。它将预先训练好的神经网络从.network 二进制模型参数文件加载到内存中，包括神经网络的层、权值、偏置等参数，返回一个 Net 对象。

②net.forward()方法：用于在图像 roi 区域上运行指定的神经网络，返回经过神经网络分类计算得出的结果列表。

③net.search()方法：以滑动窗口的方式在图像 roi 区域上运行网络指定的神经网络，返回得出的结果列表。

3）编程控制视频捕捉和启动人脸检测

笑脸识别在人脸检测的基础上进行，先在视频图像中检测出人脸，再对人脸区域运用 CNN 网络检测是否出现笑脸。人脸检测功能的设计如同项目 8 采用的方法，利用 AIE 控制板上固化的计算机视觉 Python 库以及人脸 Haar Cascade 模型，具体过程包括以下 3 部分：

①控制摄像头的工作，定时捕捉图像帧。由于 Haar Cascade 算法采用的是黑白像素特征，积分图也是在灰度图像上生成的。因此，人脸检测应用中，摄像头需要设置为灰度图模式，视频采集的分辨率可以设为 240×160 像素的 HQVGA 格式。摄像头参数设置及控制过程参见项目 8 中相关内容和编程方法。

②启动 Haar Cascade 分类器工作，检测出图像帧中所有的人脸区域。板上 Haar Cascade 算法集内置有已经训练好的 Haar 模型，"frontalface"是正面人脸模型，"eye"是人眼模型。加载 Haar Cascade 级联分类器、启用内置人脸检测模型的编程工作参见项目 8 中提供的方法。

③在图像帧中标注出所有检测到的人脸区域。检测人脸使用 image.find_features(cascade[，threshold=0.5[，scale=1.5[，roi]]])方法，该方法

搜索与 Haar Cascade 匹配的所有区域的图像,并返回所检测到的边界框矩形元组(x,y,w,h)列表。若未发现任何特征,则返回一个空白列表。相关的 Python 编程方法参见项目 8 中的介绍。

需要说明的是,find_features 方法仅支持灰度图像。诸参数中,threshold 是浮点数(0.0 – 1.0),其中较小的值在提高检测速率同时增加误报率。相反,较高的值会降低检测速率,同时降低误报率。scale 是一个必须大于 1.0 的浮点数。较高的比例因子运行更快,但其图像匹配相应较差。理想值介于 1.35 ~ 1.5。roi 是待搜索区域,用矩形元组(x,y,w,h)表示,搜索范围仅限于 roi 区域内的像素。如果未指定,roi 即整幅图像的图像区域。

4)加载笑脸检测网络及启动笑脸检测

Net 类中提供 net. forward(image [, roi [, softmax = False [, dry_run = False]]]) 方法,用于在图像 roi 上运行指定的神经网络,返回经过神经网络分类得出的结果列表。

其中,roi 是待处理区域的矩形元组(x,y,w,h),仅运算 roi 中的像素。如果未指定,则它等于图像矩形。如果 softmax 为 True,则列表中所有的输出总和为 1。否则,列表中的任何输出都可以在 0 和 1 之间。dry_run 参数用于调试,打印出正在执行的网络层参数,实际并不执行它们。

加载笑脸检测网络模型,进行笑脸识别的编程方法参考如下:

```python
import sensor, time, image, os, nn
# 加载笑脸检测网络
net = nn.load('/smile.network')


#进行微笑检测
        img. draw_rectangle( r)
        out = net. forward( img, roi = r, softmax = True)
        img. draw_string( r[0], r[1], ':)' if ( out[0] > 0. 8) else ':(', color
= (255), scale = 2)
```

5)Python 编程及实现

集成以上各阶段的程序过程设计,编写出完整的人脸检测笑脸识别 Python 程序,写入 AIE 控制板中,在运行程序的过程中解决可能存在的编程错误。

```python
# 笑脸识别例程
```

```
import sensor, time, image, os, nn

sensor. reset()                          # Reset and initialize the sensor.
sensor. set_contrast(2)
sensor. set_pixformat(sensor. RGB565)    # Set pixel format to RGB565
sensor. set_framesize(sensor. QVGA)      # Set frame size to QVGA (320×240)
sensor. skip_frames(time = 2000)
sensor. set_auto_gain(False)
sensor. set_auto_exposure(False)

# 加载微笑检测网络模型
net = nn. load('/smile. network')

#加载人脸 Haar 级联模型,设定工作级数;
face_cascade = image. HaarCascade("frontalface", stages = 25)
print(face_cascade)

clock = time. clock()
while (True):
    clock. tick()

    # 捕获图像帧
    img = sensor. snapshot()
    # 检测出所有人脸
    objects = img. find_features(face_cascade, threshold = 0. 75, scale_factor =
1. 25)
    # 检测笑脸
    for r in objects:
        #调整区域位置及大小,并将检测区域居中
        r = [r[0] + 10, r[1] + 25, int(r[2]*0. 70), int(r[2]*0. 70)]
        img. draw_rectangle(r)
        out = net. forward(img, roi = r, softmax = True)
        img. draw_string(r[0], r[1], 'Smile :)' if (out[0] > 0. 7) else
'Sad :(', color = (255,0,0), scale = 2)
```

print(clock. fps( ))

基于 CNN 的人脸检测程序运行的情况如图 12.7 所示,右上区域显示出了摄像头捕捉到的视频图像,其中叠加显示了实时检测出的人脸区域,即白色矩形框内的区域。图中识别到了笑脸,在白色矩形框内上方显示出"Smile :)"字符串。

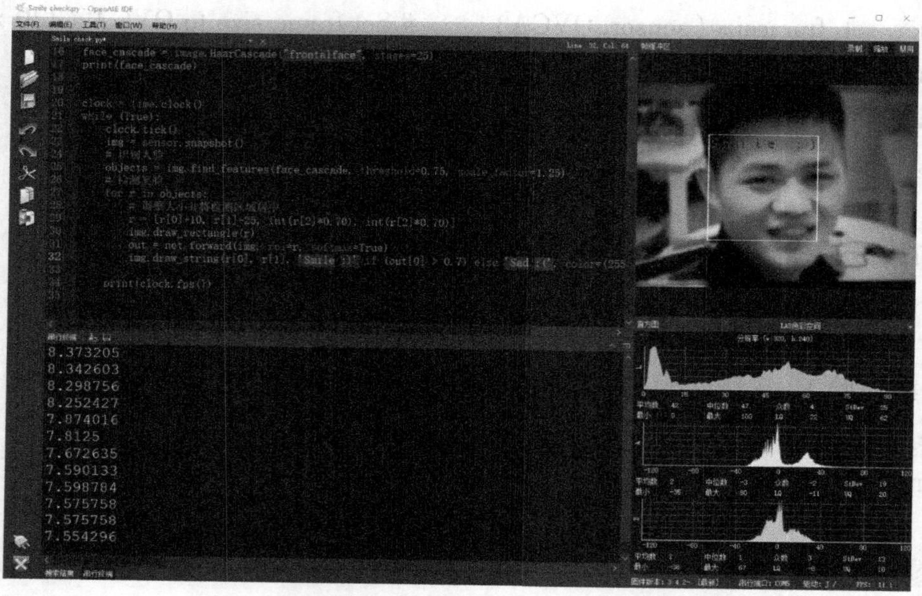

图 12.7　基于 CNN 的人脸检测程序的运行情况

(5) 调试、验证及完善

完成人脸检测 Python 程序的编写后,上传到 AIE 控制板。运行程序时,如果提示有语法错误,需要逐一进行修改。程序运行过程中,发现人脸检测功能没有准确实现,则要检查程序,修改程序,重新进行系统检测、调试及性能优化过程。可以参考以下经验对遇到的问题进行改进:

①参考项目 8 和项目 9 的方法,检查控制板与计算机的连接是否成功,以及摄像头工作参数的设置是否合适。

②调试程序前,一定要将库中的 smile. network 网络模型加载到内存中,才能调用成功。具体方法:在 OpenAIE IDE 里的工具菜单中,依次进入"机器视觉"→"CNN 网络模型库",继续进入后会弹出一个文件夹。文件夹里列表出了多个网络模型子文件夹,选择 smile. network 子文件,就会看到 smile. network 模型文件,选中该文件,点击"打开"。接下来,会弹出一个 U 盘符,确认这个位置,点击"保存"即可。

③参考项目 8 和项目 9 的方法进行人脸检测,设置好 HaarCascade 函数中的级数、find_features 函数中的阈值和比例因子等,调节参数的取值,观察识别率、误识率、计算速度等方面的变化,确定当前环境下的最佳工作参数。

④笑脸识别,需要人脸一直保持一段微笑姿势,不够容易实现,所以调式系统时可以利用一张有微笑的照片进行识别。注意不要使用表面反光强的照片,因为没有做图像预处理,反光时效果不好。

①比较人脸检测与笑脸检测方法的不同,特别是 Haar 人脸检测模型与 SimleNet 笑脸模型的区别。从特征参数、模型结构、运算性能、识别效果等方面进行说明。

②SimleNet 笑脸模型的建模、训练以及应用的方法可以应用在其他物体的目标检测吗? 比如宠物爱好者常常提出希望有一个狗脸、猫脸检测功能,以便设计一个宠物管理系统。针对这些问题,提出你的模型建立、训练和编程实施方案。

③SimleNet 笑脸检测方法如何进一步应用到表情识别系统之中?

④笑脸检测技术如何进一步应用到校园生活中,你有什么创意? 可以设计出哪种智能应用系统? 对你的新创意进行设计和编程实践。

Smile. network 模型参数可以利用 Smile 数据集自行进行训练,Caffe 深度学习平台提供工具支持 Smile 的训练。通过这样的方法,自行准备数据集,可以还训练出类似笑脸识别这样的二分类决策问题的解决模型。

1) Smile 数据集准备

Smile 数据集可以通过网络下载获取。在数据集的 repos/SMILEsmileD/

SMILEs/位置存放着待训练的图像数据文件,包括正样本文件集(图12.8)和负样本文件集(图12.9)。

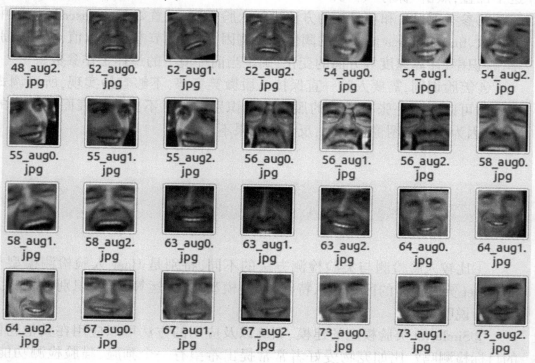

图 12.8　部分正样本图像

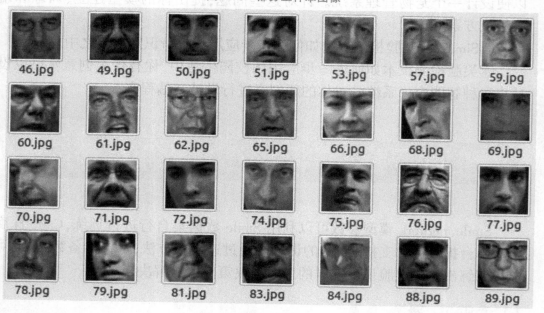

图 12.9　部分负样本图像

2）SmileNet 模型训练

①创建工作文件夹。为 Smile 数据集创建分别存放正负图像样本的文件。如果文件目录尚不存在,可以使用如下指令进行创建:

mkdir repos / SMILEsmileD / SMILEs / positives / positives_aug /

②增强数据集。Smile 数据集由 3 000 个正样本图像和 9 000 个负样本图像组成。为了避免产生偏差模型,最好使用相同数量的正负图像样本。为了解决这个问题,训练中可以通过在正图像上使用此扩充脚本来扩充数据集。可以使用如下指令脚本将使正样本的数量增加 3 倍:

python2 repos / openmv / tools / augment _ images. py --input repos / SMILEsmileD / SMILEs / positives / positives7 / --output repos / SMILEsmileD / SMILEs / positives / positives_aug / --count 3

③训练模型。利用 create_imagenet 工具将样本转换为 lmdb 格式,利用 make_imagenet_mean 工具生成图像均值,然后定义模型结构并编写配置文件,就可以开始模型训练。训练后的文件位于:

repos / openmv / ml / cmsisnn / models / smile / smile_database /

④量化模型。训练出模型参数后,实际应用中需要将其缩小到合理的大小。可以设计量化脚本将 Caffe 模型的权重和激活从 32 位浮点转换为 8 位定点格式。这样不仅会减少网络的规模,而且还会避免浮点计算。NN 量化器脚本通过测试网络并找出动态定点表示的最佳格式来工作。该脚本的输出是一个序列化的 Python(. pkl)文件,其中包括网络的模型,量化的权重和激活以及每一层的量化格式。运行以下命令将生成量化模型:

python2 repos / ML-examples / cmsisnn-cifar10 / nn_quantizer. py --model repos / openmv / ml / cmsisnn / models / smile / smile_train_test. prototxt --weights repos / openmv / ml / cmsisnn / models / smile / smile_iter_ * 。caffemodel-保存回购/openmv/ml/cmsisnn/models/smile/smile. pk1

⑤将模型转换为二进制。最后一步是使用 NN 转换器脚本将模型转换为可在人工智能开源控制板上运行的二进制格式。转换器脚本输出每种层类型的代码,然后输出层的尺寸和权重。运行以下命令将生成二进制模型:

python2 repos / openmv / ml / cmsisnn / nn_convert. py --model repos / openmv / ml / cmsisnn / models / smile / smile. pk1 --mean / home / embedded / repos / openmv / ml / cmsisnn / models / smile / smile_database / mean. binaryproto-输出存储库/openmv/ml/cmsisnn/models/smile/smile. network

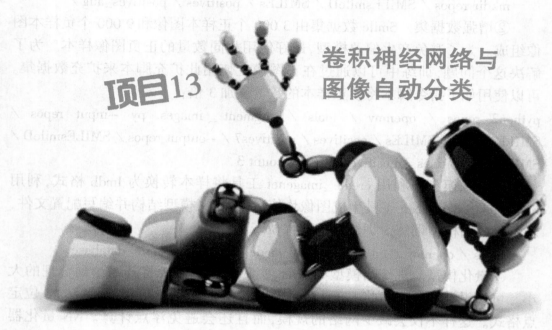

项目13　卷积神经网络与图像自动分类

（1）问题的提出

图 13.1　阿尔法围棋击败人类职业围棋选手

　　人工智能成为国际竞争的新焦点和经济发展的新引擎,世界各国都高度关注具有创新及实践能力的人工智能研究及应用人才的培养。2016 年 3 月,阿尔法围棋(AlphaGo)与围棋世界冠军、职业九段棋手李世石进行围棋人机大战,以 4 比 1 的总比分获胜,超过 2 亿观众见证了这一历史时刻(图 13.1)。2016 年末 2017 年初,该程序在中国棋类网站上以"大师"(Master)为注册账号与中日韩数十位围棋高手进行快棋对决,连续 60 局无一败绩。阿尔法围棋是第一个击败人类职业围棋选手、第一个战胜围棋世界冠军的人工智能机器人,围棋界公认阿尔法围棋的棋力已经超过人类职业围棋顶尖水平,其主要工作原理是"深度学习"。

　　一台机器通过棋谱学会了超越人类的围棋策略,这在以前被认为是一项不可能完成的任务,或者至少需要十年之功。AlphaGo 的新版本 AlphaGo Zero 以 100∶0 的惊人成绩打败了 AlphaGo。更令人难以置信的是,AlphaGo Zero 从零开始,通过自我博弈,逐渐学会了能打败自己之前的策略。

（2）任务与目标

①了解卷积神经网络（CNN）的基本原理、相关算法和应用方法；

②了解运用人工智能开源硬件和 OpenAIE Python 库设计 CNN 应用系统的方法；

③掌握 Python 语言编程以及 OpenMV IDE 编程工具编写、上传、运行 Python 机器视觉程序的方法；

④运用人工智能开源硬件和 Python 编程，编写和调试初步的机器视觉应用程序。

（3）知识准备

1）卷积神经网络经典模型

①LeNet。第一个成功的卷积神经网络应用是 Yann LeCun 在 20 世纪 90 年代实现的。它已经被成功应用在银行系统，用来识别支票上的手写数字，还被应用在邮政系统识别邮政编码等。

②AlexNet。AlexNet 卷积神经网络在计算机视觉领域中受到欢迎，它由 Alex Krizhevsky，Ilya Sutskever 和 Geoff Hinton 实现。AlexNet 在 2012 年的 ImageNet ILSVRC 竞赛中夺冠，性能远远超出第二名（16% 的 top5 错误率，第二名是 26% 的 top5 错误率）。这个网络的结构和 LeNet 非常类似，但是更深更大，并且使用了层叠的卷积层来获取特征（之前通常是只用一个卷积层并且在其后马上跟着一个下采样层）。

③ZFNet。Matthew Zeiler 和 Rob Fergus 发明的网络在 ILSVRC 2013 比赛中夺冠，它被称为 ZFNet(Zeiler & Fergus Net 的简称)。它通过修改结构中的超参数来实现对 AlexNet 的改良，具体说来就是增加了中间卷积层的尺寸，让第一层的步长和滤波器尺寸更小。

④GooLeNet。ILSVRC 2014 的胜利者是谷歌 Szeged 等实现的卷积神经网络。它主要的贡献就是实现了一个奠基模块，能够显著地减少网络中参数的

数量(AlexNet 中有 60 M,该网络中只有 4 M)。还有,该工作中没有使用卷积神经网络顶部使用全连接层,而是使用了一个平均下采样,把大量不是很重要的参数都去除掉了。GooLeNet 还有几种改进的版本,最新的一个是 Inception-v4。

⑤VGGNet。ILSVRC 2014 的第二名是 Karen Simonyan 和 Andrew Zisserman 实现的卷积神经网络,现在称其为 VGGNet。它主要的贡献是展示出网络的深度是算法优良性能的关键部分。他们最好的网络包含了 16 个卷积/全连接层。网络的结构非常一致,从头到尾全部使用的是 3×3 的卷积和 2×2 的下采样。他们的预训练模型是可以在网络上获得并在 Caffe 中使用的。VGGNet 不好的一点是它耗费更多计算资源,并且使用了更多的参数,导致更多的内存占用(140 M)。其中绝大多数的参数都是来自第一个全连接层。后来发现这些全连接层即使被去除,对性能也没有什么影响,这样就显著降低了参数数量。

2)深度学习主流开源开发框架

在深度学习初始阶段,每个深度学习研究者都需要写大量的重复代码。为了提高工作效率,这些研究者就将这些代码写成了一个框架放到网上让所有研究者一起使用。接着,网上就出现了不同的框架。随着时间的推移,最为好用的几个框架被大量的人使用从而流行了起来。全世界最为流行的深度学习框架有 PaddlePaddle、TensorFlow、Caffe、Theano、MXNet、Torch 和 PyTorch。

①TensorFlow。TensorFlow 是一款使用 C++语言开发的开源数学计算软件,使用数据流图(DataFlow Graph)的形式进行计算。图中的节点代表数学运算,而图中的线条表示多维数据数组(Tensor)之间的交互。TensorFlow 灵活的架构可以部署在一个或多个 CPU、GPU 的台式及服务器中,或者使用单一的 API 应用在移动设备中。TensorFlow 最初是由 Google Brainu 团队针对机器学习和深度神经网络进行研究而开发,是目前全世界使用人数最多、社区最为庞大的一个框架,并且有着 Python 和 C++的接口,教程也非常完善,所以是深度学习的主流框架。

TensorFlow 在机器学习和深度神经领域应用很广,但缺点也较突出:过于复杂的系统设计,TensorFlow 的总代码量超过 100 万行;频繁变动的接口给开发和维护带来不便;接口设计晦涩难懂,不利于应用;技术文档混乱脱节,质量不高。

由于其语言太过于底层,目前有很多基于 TensorFlow 的第三方抽象库将

TensorFlow 的函数进行封装,使其变得简洁,比较有名的是 Keras,TFLearn,TF-Slim,以及 TensorLayer。

②Caffe/Caffe2。Caffe 的全称是 Convolutional Architecture for Fast Feature Embedding,是一个清晰、高效的深度学习框架,核心语言是 C++,支持命令行、Python 和 MATLAB 接口,可以在 CPU 上运行,也可以在 GPU 上运行。Caffe 是一个兼具性能、速度和模块性的开源深度学习框架,应用较为广泛。

Caffe 的负责人从加州伯克利分校毕业后加入了 Google,参与过 TensorFlow 的开发,后来离开 Google 主持开发了 Caffe2。Caffe2 的设计追求轻量级,强调便携性。

Caffe 的优点是简介快捷,性能优异,不同于 Keras 由于太多封装导致灵活性丧失,广泛应用在嵌入式人工智能系统开发中。

③PyTorch。PyTorch 在学术研究者中很受欢迎,也是相对比较新的深度学习框架,由 Facebook 人工智能研究院组织开发 PyTorch 采用已经为许多研究人员、开发人员和数据科学家所熟悉的原始 Python 命令式编程风格。同时它还支持动态计算图,这一特性使得其对时间序列以及自然语言处理数据相关工作的研究人员和工程师很有吸引力。PyTorch 的特点是封装简洁、接口调用方便、调试简单、性能突出。

PyTorch 类似于 NuMpy,非常 Python 化,很容易与 Python 生态系统进行集成。可以在 PyTorch 模型中任意添加 pdb 断点,调试方便。PyTorch 灵活易用、API 接口设计合理简洁,深受研究开发人员喜欢。

PyTorch 的设计遵循高维数组(张量)、自动求导(变量)和神经网络(层/模块),这 3 个由低到高的抽象层次,追求最少的封装,尽量避免重复。

④PaddlePaddle。PaddlePaddle 是百度研发的开源开放的深度学习平台,是国内最早开源、也是当前唯一一个功能完备的深度学习平台。依托百度业务场景的长期锤炼,PaddlePaddle 有最全面的官方支持的工业级应用模型,涵盖自然语言处理、计算机视觉、推荐引擎等多个领域,并开放多个领先的预训练中文模型,以及多个在国际范围内取得竞赛冠军的算法模型。

PaddlePaddle 同时支持稠密参数和稀疏参数场景的超大规模深度学习并行训练,支持千亿规模参数、数百个几点的高效并行训练,也是最早提供如此强大的深度学习并行技术的深度学习框架。PaddlePaddle 拥有强大的多端部署能力,支持服务器端、移动端等多种异构硬件设备的高速推理,预测性能有显著优势。目前 PaddlePaddle 已经实现了 API 的稳定和向后兼容,具有完善的中英双语使用文档,形成了易学易用、简洁高效的技术特色。

PaddlePaddle3.0 版本升级为全面的深度学习开发套件,除了核心框架,还开放了 VisualDL、PARL、AutoDL、EasyDL、AIStudio 等一整套的深度学习工具组件和服务平台,更好地满足不同层次的深度学习开发者的开发需求,具备了强大支持工业级应用的能力,已经被中国企业广泛使用,也拥有了活跃的开发者社区生态。

3) AlexNet 模型

AlexNet 网络结构分为单通道和双通道,如图 13.2 所示。

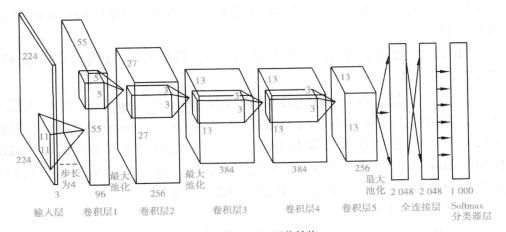

（a）单通道AlexNet网络结构

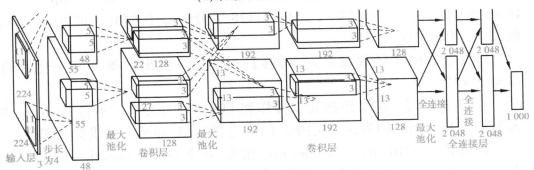

（b）双通道AlexNet网络结构

图 13.2 AlexNet 模型结构

Alex 在 2012 年提出的 AlexNet 网络结构模型开启了神经网络的应用热潮,并赢得了 2012 届图像识别大赛的冠军,使 CNN 成为在图像分类上的核心算法模型。从图 13.2(b)可以看出该模型分为上下两组通道,可同时进行卷积处理,其优点是可以利用两台 GPU 服务器并行进行模型训练。

①Input 输入层。输入为 $224 \times 224 \times 3$ 的三通道 RGB 图像,为方便后续计算,实际操作中通过 padding 做预处理,把图像变成 $227 \times 227 \times 3$。

②C1 卷积层。该层包括卷积操作、Max Pooling、LRN 归一化模式等环节。卷积层由 96 个 feature map 组成,每个 feature map 由 11×11 卷积核在 stride = 4 下生成,输出 feature map 为 $55 \times 55 \times 48 \times 2$,其中 $55 = (227 - 11)/4 + 1$,48 为分在每个 GPU 上的 feature map 数,2 为 GPU 个数。

激活函数采用 ReLU。Max Pooling:采用 stride = 2 且核大小为 3×3(文中实验表明采用 2×2 的非重叠模式的 Max Pooling 相对更容易过拟合,在 top 1 和 top 5 下的错误率分别高 0.4% 和 0.3%),输出 feature map 为 $27 \times 27 \times 48 \times 2$,其中 $27 = (55 - 3)/2 + 1$,48 为分在每个 GPU 上的 feature map 数,2 为 GPU 个数。

LRN 模式按邻居数设置为 5 做归一化,最终输出数据为归一化后的: $27 \times 27 \times 48 \times 2$。

③C2 卷积层。该层同样包括卷积操作、Max Pooling、LRN 归一化模式等环节。卷积层由 256 个 feature map 组成,每个 feature map 由 5×5 卷积核在 stride = 1 下生成,为使输入和卷积输出大小一致,需要做参数为 2 的 padding,输出 feature map 为 $27 \times 27 \times 128 \times 2$,其中 $27 = (27 - 5 + 2 \times 2)/1 + 1$,128 为分在每个 GPU 上的 feature map 数,2 为 GPU 个数。

激活函数采用 ReLU。

Max Pooling:采用 stride = 2 且核大小为 3×3,输出 feature map 为 $13 \times 13 \times 128 \times 2$,其中 $13 = (27 - 3)/2 + 1$,128 为分在每个 GPU 上的 feature map 数,2 为 GPU 个数。

LRN 模式按邻居数设置为 5 做归一化,最终输出数据为归一化后的: $13 \times 13 \times 128 \times 2$。

④C3 卷积层。该层包括卷积操作和 LRN 归一化,这层不做 Pooling。输入为 $13 \times 13 \times 256$,因为这一层两个 GPU 会做通信,即图中虚线交叉部分。

卷积层:之后由 384 个 feature map 组成,每个 feature map 由 3×3 卷积核在 stride = 1 下生成,为使输入和卷积输出大小一致,需要做参数为 1 的 padding,输出 feature map 为 $13 \times 13 \times 192 \times 2$,其中 $13 = (13 - 3 + 2 \times 1)/1 + 1$,192 为分在每个 GPU 上的 feature map 数,2 为 GPU 个数。

激活函数采用 ReLU。最终输出数据为归一化后的: $13 \times 13 \times 192 \times 2$。

⑤C4 卷积层。该层包括卷积操作和 LRN 归一化,这层不做 Pooling。卷积层由 384 个 feature map 组成,每个 feature map 由 3×3 卷积核在 stride = 1 下生成,为使输入和卷积输出大小一致,需要做参数为 1 的 padding,输出 feature map 为 $13 \times 13 \times 192 \times 2$,其中 $13 = (13 - 3 + 2 \times 1)/1 + 1$,192 为分在每个 GPU 上的 feature map 数,2 为 GPU 个数。

激活函数采用 ReLU。最终输出数据为归一化后的：$13 \times 13 \times 192 \times 2$。

⑥C5 卷积层。该层由卷积操作和 Max Pooling 组成。卷积层由 256 个 feature map 组成，每个 feature map 由 3×3 卷积核在 stride = 1 下生成，为使输入和卷积输出大小一致，需要做参数为 1 的 padding，输出 feature map 为 $13 \times 13 \times 128 \times 2$，其中 $13 = (13 - 3 + 2 \times 1)/1 + 1$，128 为分在每个 GPU 上的 feature map 数，2 为 GPU 个数。

激活函数采用 ReLU。

Max Pooling：采用 stride = 2 且核大小为 3×3，输出 feature map 为 $6 \times 6 \times 128 \times 2$，其中 $6 = (13 - 3)/2 + 1$，128 为分在每个 GPU 上的 feature map 数，2 为 GPU 个数。

最终输出数据为归一化后的：$6 \times 6 \times 128 \times 2$。

⑦F6 全连接层。该层为全连接层 + Dropout。使用 4 096 个节点，激活函数采用 ReLU。采用参数为 0.5 的 Dropout 操作，最终输出数据为 4 096 个神经元节点。

⑧F7 全连接层。该层为全连接层 + Dropout。使用 4 096 个节点，激活函数采用 ReLU。采用参数为 0.5 的 Dropout 操作，最终输出为 4 096 个神经元节点。

⑨输出层。该层为全连接层 + Softmax。使用 1 000 个输出的 Softmax，最终输出为 1 000 个分类。

设计与实践

随着计算机性能的提升和卷积神经网络结构的不断改进，卷积神经网络在图像分类领域取得了突破性的进展。与传统的模式识别方法不同，CNN 不需要对图片进行复杂的预处理或者人工确定某些特征作为识别依据，它可以将原始图片直接作为网络的输入，自动提取特征，再根据提取到的特征对图片进行分类，而且在同等条件下相比传统方法具有显著的准确度提升。

人工智能开源控制板固化了 OpenAIE Python 库，包含人脸检测、笑脸识别模型及开发接口，可以实现人脸检测和笑脸识别功能。

1）CIFAR-10 模型结构

CIFAR-10 模型是利用 CIFAR-10 数据集训练出来的具有 10 分类能力的

CNN 网络,分类识别飞机、汽车、鸟、猫、鹿、狗、青蛙、马、船以及卡车等 10 个类别物体。

CIFAR-10 模型结构(图 13.3)除了最顶部的几层外,基本跟 AlexNet 模型一致。模型是一个多层架构,由卷积层和非线性层(Nonlinearity)交替多次排列后构成。这些层最终通过全连通层对接到 Softmax 分类器上。

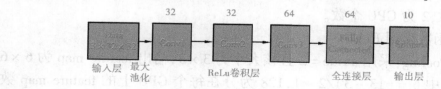

图 13.3   CIFAR-10 快速模型结构

这一模型包括:

①模型输入。它包括 inputs( )、distorted_inputs( )等一些操作,分别用于读取 CIFAR 的图像并进行预处理,作为后续评估和训练的输入。

②模型预测。它包括 inference( )等一些操作,用于进行统计计算,比如对提供的图像进行分类。

③模型训练。它包括 loss( ) and train( )等一些操作,用于计算损失、计算梯度、进行变量更新以及呈现最终结果。

2)关键过程设计

①摄像头捕捉图像。视频图像分类识别应用中,摄像头需要设置 RGB565 彩色模式,视频采集的分辨率设为 128 × 128 像素的 QVGA 格式,相关的 Python 代码示例如下:

```
import sensor, image, time, os, nn


sensor. reset( )
sensor. set_pixformat( sensor. RGB565)
sensor. set_framesize( sensor. QVGA)
sensor. set_windowing( (128, 128))          # 设置 128 ×128 窗口。
sensor. skip_frames( time =750)             # 不要让 autogain 运行很长时间。
sensor. set_auto_gain( False)
sensor. set_auto_exposure( False)
```

②CIFAR-10 网络模型的加载。

```
# 加载 CIFAR-10 网络。
# 更快,更小,更准确。
```

```
net = nn. load('/cifar10_fast. network')
labels = ['airplane', 'automobile', 'bird', 'cat', 'deer', 'dog', 'frog', 'horse', 'ship',
'truck']
```

③图像分类识别编程。OpenAIE 内嵌的 caffe 库中有 net. search(image[,
roi[, threshold = 0. 6[, min_scale = 1. 0[, scale_mul = 0. 5[, x_overlap = 0[,
y_overlap = 0[, contrast_threshold = 1[, softmax = False]]]]]]]]) 方法,用来
以滑动窗口方式在图像 roi 上运行神经网络。网络检测器窗口以多种比例滑
过图像。返回神经网络检测结果的 nn_class 对象列表。

其中,roi 是待处理区域的矩形元组(x,y,w,h),仅运算 roi 中的像素。如
果未指定,则它等于图像矩形。在图像中的区域上运行之后,将最大检测值
超过 threshold 的对象添加到输出列表中。min_scale 控制网络模型的缩放比
例。在默认值下,网络不会缩放。但是,值为 0.5 将允许用于检测图像大小为
50% 的对象。scale_mul 控制测试多少个不同的比例。滑动窗口方法的工作
原理是将默认比例 1 乘以 scale_mul,并且结果需要大于 min_scale。scale_mul
的默认值 0.5,测试每个比例变化减少 50%。但是,0.95 的值仅为 5% 的缩小
量。x_overlap 控制与滑动窗口的下一个检测区域重叠的百分比。值为零表
示没有重叠。值为 0.95 意味着 95% 重叠。y_overlap 控制与滑动窗口的下一
个检测区域重叠的百分比。值为零表示没有重叠。值为 0.95 意味着 95% 重
叠。contrast_threshold 控制跳过图像低对比度区域的阈值。在图像中的某个
区域上运行 nn 之前,将在该区域上计算标准偏差,如果标准偏差低于
contrast_threshold ,则跳过该区域。如果 softmax 为 True,则列表中所有的输
出总和为 1。否则,列表中的任何输出都可以在 0 和 1 之间。

基于 cifar10 网络模型,利用 net. search 对象实现图像分类识别的 Python
代码如下:

```
for obj in net. search(img, threshold = 0. 6, min_scale = 0. 5, scale_mul =
0. 5, \
        x_overlap = 0. 5, y_overlap = 0. 5, contrast_threshold = 0. 5):
    img. draw_rectangle(obj. rect(), color = (255, 0, 0))
```

3) 系统编程及实现

集成以上 3 阶段的程序过程设计,编写一个 AIE 控制板摄像头进行图像
分类的 Python 程序,写入开源控制板,在运行过程中完成对代码的调试。完
整的示例代码如下:

cifar10 在整幅图像中识别例程

CIFAR 是一个卷积网络,旨在将其视野分类为几种不同的对象类型,并处理 RGB 视频数据。

在此示例中,我们将 LeNet 检测器窗口滑动到图像上,并获取可能存在对象的激活列表。请注意,使用带有滑动窗口的 CNN 非常昂贵,因此对于穷举搜索而言,不要期望 CNN 是实时的。

```python
import sensor, image, time, os, nn


sensor.reset()
sensor.set_pixformat(sensor.RGB565)
sensor.set_framesize(sensor.QVGA)
sensor.set_windowing((128, 128))        # 设置 128 × 128 窗口。
sensor.skip_frames(time = 750)          # 不要让 autogain 运行很长时间。
sensor.set_auto_gain(False)
sensor.set_auto_exposure(False)


# 加载 cifar10 网络。
# 更快,更小,更准确。
net = nn.load('/cifar10_fast.network')
labels = ['airplane', 'automobile', 'bird', 'cat', 'deer', 'dog', 'frog', 'horse', 'ship',
'truck']

clock = time.clock()
while(True):
    clock.tick()

    img = sensor.snapshot()
```

net.search()将在图像中搜索网络中的 roi(如果未指定 roi,则搜索整个图像)。

如果其中一个分类器输出大于阈值,则在每个位置查看图像,位置和标签将存储在对象列表中并返回。

在每个比例下,使用 x_overlap(0 – 1)和 y_overlap(0 – 1)作为指导,在 ROI 中移动检测窗口。

如果将 overlap 设置为 0.5,则每个检测窗口将与前一个检测窗口重叠 50%。

请注意,计算工作重叠越多,负载越多。

最后,对于在 x/y 维度上滑动网络之后的多尺度匹配,检测窗口将通过 scale_mul(0 – 1)缩小到 min_scale(0 – 1)。

例如,如果 scale_mul 为 0.5,则检测窗口将缩小 50%。

请注意,在较低比例下,如果 x_overlap 和 y_overlap 较小,则搜索区域会更多…

contrast_threshold 会跳过平坦区域。

设置 x_overlap = – 1 会强制窗口始终保持在 x 方向的 ROI 中心。

如果 y_overlap 不为 – 1,则该方法将搜索所有垂直位置。

设置 y_overlap = – 1 会强制窗口始终在 y 方向的 ROI 中居中。

如果 x_overlap 不是 – 1,则该方法将在所有水平位置搜索。


```
for obj in net.search(img, threshold = 0.6, min_scale = 0.5, scale_mul =
0.5, \
            x_overlap = 0.5, y_overlap = 0.5, contrast_threshold = 0.5):
        print("Detected % s – Confidence % f%%" % (labels[obj.index
()], obj.value()))
        img.draw_rectangle(obj.rect(), color = (255, 0, 0))
print(clock.fps())
```

图像分类程序运行情况如图 13.4 所示,右上区域显示出了摄像头捕捉到的视频图像,其中叠加显示了实时检测出的目标图像区域及得分情况。10 种物体的分类检测情况如图 13.5 所示。

利用 cifar10 卷积神经网络模型,能够快速检测出图像中存在的其他 10 种目标物体,分类识别情况如图 13.5 所示。

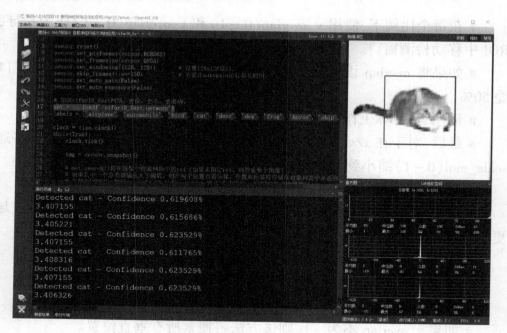

图 13.4　图像分类程序运行情况

图 13.5　实现的 10 种物体的分类检测

（5）调试、验证及完善

　　完成图像分类识别 Python 程序的编写后，上传到 AIE 控制板。运行程序时，如果提示有语法错误，需要逐一进行修改。程序运行过程中，发现图像分类功能没有实现，则要检查程序，修改程序，重新进行系统检测、调试及性能优化过程。可以参考以下经验对遇到的问题进行改进：

①调试程序前,一定要将库中的 cifar10_fast. network 网络模型加载到内存中,才能调用成功。具体方法:在 OpenAIE IDE 里的工具菜单中,依次进入"机器视觉"→"CNN 网络模型库",继续进入后会弹出一个文件夹。文件夹里列表出了多个网络模型子文件夹,选择 cifar10_fast 子文件,就会看到 cifar10_fast. network 模型文件,选中该文件,点击"打开"。接下来,会弹出一个 U 盘符,确认这个位置,点击"保存"即可。

②如果视频显示区显示出摄像头捕捉的视频帧图像很不清晰,继续进行图像分类检测过程将没有意义。这时需要调节摄像头的参数或采取补光措施。

③如果视频显示正常,但没有成功进行图像分类识别,或者给出了错误的分类结果,这是需要检测 net. search 函数的编程中,各种工作参数设置是否合适。包括 threshold、min_scale、scale_mul 等,调节参数的取值,观察识别率、误识率、计算速度等方面的变化,确定所使用开发系统的最佳工作参数,为后续进一步工作打好基础。

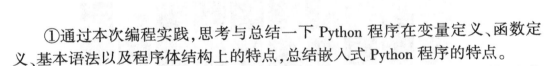

(6)分析与思考

①通过本次编程实践,思考与总结一下 Python 程序在变量定义、函数定义、基本语法以及程序体结构上的特点,总结嵌入式 Python 程序的特点。

②结合本次编程实践进行思考:如果将本项目改造成校园植物园的花草识别系统,存在哪些困难? 应该如何进行改造设计? 请给出完整的设计方案。

③借鉴本项目介绍的理论、方法和例程,如果利用 CIFAR-10 网络模型来设计一个车牌识别系统,具有可行性吗? 请思考,再做出结论。

④利用互联网络检索 CIFAR-10 网络模型的原理和应用方法,如果利用 CIFAR-10 网络模型来设计一个车牌识别系统,情况又会怎样? 请思考,再做出结论。

(7)综合拓展实践任务

CIFAR-10 数据集的分类是机器学习中一个公开的基准测试问题,其任务是对一组 32×32 RGB 的图像进行分类,这些图像涵盖了 10 个类别:飞机、汽车、鸟、猫、鹿、狗、青蛙、马、船以及卡车。

1)CIFAR-10 数据集准备

本次项目实践将运用人工智能开源硬件和板上 OpenAIE 库中相关算法设计一个基于 CNN 的图像分类识别系统,实现对 10 种类型图片的自动分类。实践中需要使用到由 CIFAR-10 数据集训练出来的模型参数。

CIFAR-10 是带有标签的数据集,该数据集共有 60 000 张彩色图像,这些图像是 32×32,分为 10 个类,每类 6 000 张图。这里面有 50 000 张用于训练,构成了 5 个训练批,每一批 10 000 张图;另外 10 000 用于测试,单独构成一批。测试批的数据里,取自 10 类中的每一类,每一类随机取 1 000 张。抽剩下的就随机排列组成了训练批。注意一个训练批中的各类图像并不一定数量相同,总的来看训练批,每一类都有 5 000 张图,如图 13.6 所示。

图 13.6　包含 10 种类型图片的 CIFAR-10 数据集

2)CIFAR-10 模型参数训练

Caffe 平台包含有若干工具可以用于训练 CIFAR-10 模型,具体的训练过程是：

①图片数据集准备。掌握模型训练方法可以直接使用 CIFAR-10 数据集，如果使用自行收集货准备的数据集，则要把图像进行分割处理，灰度化并归一化至 32×64 大小。

②建立训练数据文件目录。在./caffe/data/目录下建立自己的数据文件目录 mycifar，并且在此目录下建立 train 文件夹和 test 文件夹。train 文件夹用于存放训练样本，test 文件夹用于存放测试样本。然后，将处理好的训练样本图片放在./caffe/data/mycifar/train/这个文件夹下面，测试样本放在./caffe/data/mycifar/test/这个文件夹下面。

③编写训练和测试文本 train.txt 和 test.txt 文本。train.txt 文件用于存放带训练图片路径的文件名（如,../caffe/data/ mycifar /train/）和类别标签，一行一张图片。

test.txt 文件用于存放带测试样本图片路径的文件名（如,../caffe/data/ mycifar /test/）和类别标签，一行代表一张图片。

④将图片数据转换为 LEVELDB 格式的数据。利用 Caffe 平台 convert_imageset 工具进行。在根目录下写一个批处理 bat 文件，命名为 convert-train2ldb.bat，用于在将训练集中的数据格式转换为 leveldb 格式。运行 convert_imageset 后，在 data/ mycifar /下生成 mtrainldb 文件夹，完成数据格式的转换。

⑤计算图像的均值。利用 Caffe 平台 compute_image_mean 工具进行。在根目录下写一个批处理 bat 文件，命名为 computeMean.bat，用于计算图像的均值，生成均值文件。

⑥创建网络模型。在./data/ mycifar 下建立文件夹 train-val，将./examples/cifar10/文件夹下的 cifar10_quick_train_test.prototxt 网络模型配置文件 copy 至该文件夹下面。

⑦编写超参数配置文件。同样的，将 cifar10_quick_solver.prototxt 超参数配置文件 copy 至./data/mine/train-val 下，修改文件中的迭代次数、权值学习率、输出格式等参数。

⑧编写训练脚本。在根目录下新建批处理 bat 文件，命名为 trainMine_useCifar10.bat，在脚本中启动训练过程，利用 caffe 工具开始训练。训练完成后，会在指定目录下生成训练模型。

⑨验证测试集。在根目录下编写批处理 bat 文件，命名为 testMine_useCifar10.bat，对测试集中的数据进行测试，输出测试结果。

项目14 基于卷积神经网络的手写体数字识别

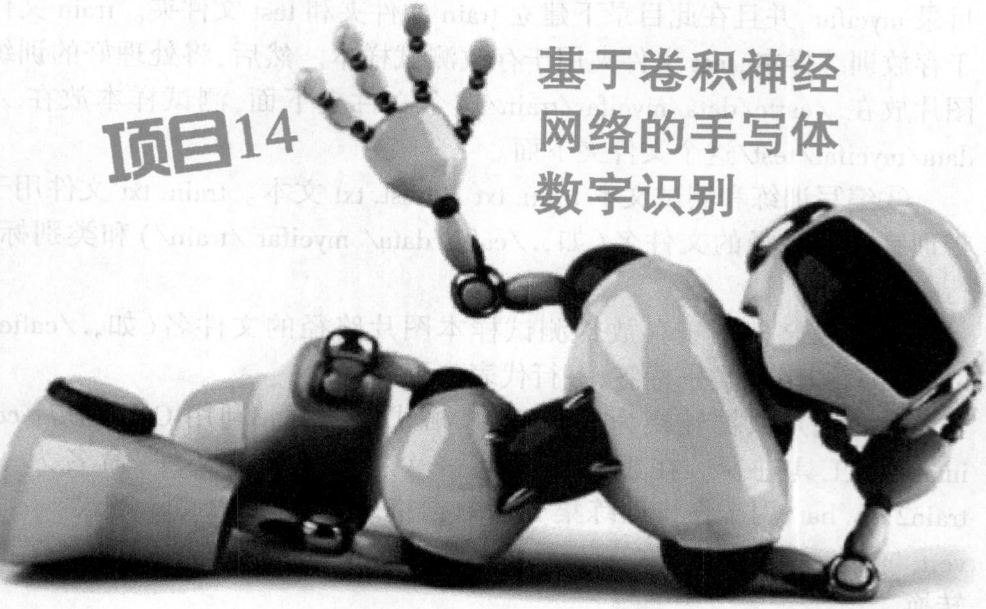

（1）问题的提出

图 14.1 手写识别输入方法

手写识别能够使用户按照最自然、最方便的输入方式进行文字输入，易学易用，可取代键盘或者鼠标（图 14.1）。用于手写输入的设备有许多种，比如电磁感应手写板、压感式手写板、触摸屏、触控板、超声波笔等。

把要输入的汉字写在一块名为书写板的设备上（实际上是一种数字化仪，现在有的与屏幕结合起来，可以显示笔迹）。这种设备将笔尖走过的轨迹按时间采样后发送到计算机中，由计算机软件自动完成识别，并用机器内部的方式保存、显示。

①了解卷积神经网络（CNN）的基本原理、LeNet-5 相关算法和应用框架；

②掌握运用人工智能开源硬件及 Caffe 库设计智能应用系统的方法，掌握 Python 语言的编程方法；

③应用人工智能开源硬件和相关算法设计一个基于 CNN 的手写体数字识别系统，实现对手写体数字 0 ~ 9 的识别；

④针对生活应用场景,进一步开展创意设计,设计具有实用价值的手写体数字识别应用系统。

(3)知识准备

1)卷积和子采样

卷积过程就是用一个可训练的滤波器 f_x 去卷积一个输入的图像(第一阶段是输入的图像,后面的阶段就是卷积特征 map),然后加一个偏置 b_x,得到卷积层 C_x。

子采样过程是指,邻域 4 个像素求和变为一个像素,然后通过标量 W 加权,再增加偏置 b,然后通过一个 Sigmoid 激活函数,产生一个缩小 1/4 的特征映射图 S_{x+1}。

如图 14.2 所示为卷积和子采样过程。

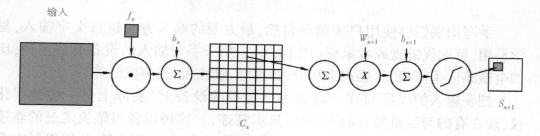

图 14.2   卷积和子采样

2)使用传统机器学习与深度学习方法的比较

使用机器学习算法进行分类包含训练和预测两个阶段(图 14.3):训练阶段,使用包含图像及其相应标签的数据集来训练机器学习算法;预测阶段,利用训练好的模型进行预测。

图像分类是经典的人工智能方法,采用机器学习的方法,需要先进行模型参数训练,训练阶段包括两个主要步骤:

①特征提取。在这一阶段,利用领域知识来提取机器学习算法将使用的新特征。HoG 和 SIFT 是图像分类中常使用的参数。

②模型训练。在此阶段,利用包含图像特征和相应标签的干净数据集来

训练机器学习模型。

在预测阶段,将相同的特征提取过程应用于新图像,然后将特征传递给训练有素的机器学习算法来预测标签。

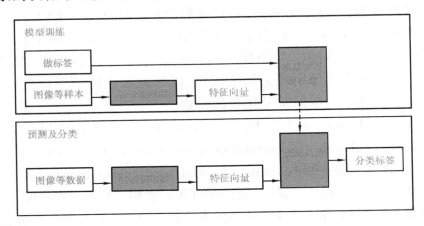

图 14.3　经典的机器学习过程

深度学习的思想是模拟人的神经元,每个神经元接受到信息,处理完后传递给与之相邻的所有神经元。它是用于建立、模拟人脑进行分析学习的神经网络,模仿人脑的机制来解释数据,模仿大脑神经元之间的信息传递。

深度学习是一种深层的机器学习模型,其深度体现在对特征的多次变换上。常用的深度学习模型为多层神经网络,神经网络的每一层都将输入非线性映射,通过多层非线性映射的堆叠,可以在深层神经网络中计算出抽象的特征来帮助分类。在图像分析等经典卷积神经网络中,将原始图像的像素值直接输入,第一层神经网络可以视作边缘的检测器;而第二层神经网络则可以检测边缘的组合,得到一些基本模块;第三层之后的一些网络会将这些基本模块进行组合,最终检测出待识别目标。

与机器学习方法相比,深度学习方法使得很多应用中不再需要单独对特征进行选择与变换,而是将原始数据输入到模型中,由模型通过学习给出适合分类的特征表示。

3) 使用 Caffe 框架训练 CNN 模型

使用 Caffe 平台工具训练 CNN 的过程分为 6 个步骤:

①数据准备。整理图像样本数据并将其存储为 Caffe 可以使用的格式。将训练数据分为两组:一组用于训练,一般为所有图像样本的 5/6;另一组用于验证,一般为所有图像样本的 1/6。训练集用于训练模型,而验证集用于计算模型的准确性。

可以编写一个 Python 脚本 create_lmdb. py 来处理图像预处理和存储。运行该脚本执行以下操作：

在所有训练图像上运行直方图均衡化，用于调整图像的对比度。将所有训练图像调整为 227×227 格式，将训练和验证存储在 2 个 LMDB 数据库中。

处理完毕后，train_lmdb 用于训练模型，validation_lmbd 用于模型评估。

②生成训练数据的平均图像。执行以下命令以生成训练数据的均值图像。将从每个输入图像中减去均值图像，以确保每个特征像素均值为零。这是有监督的机器学习中的常见预处理步骤。

/ home / ubuntu / caffe / build / tools / compute_image_mean-backend = lmdb / home / ubuntu / deeplearning-cats-dogs-tutorial / input / train_lmdb / home/ubuntu/deeplearning-cats-dogs-tutorial/input/mean. binaryproto

③模型定义。在此步骤中，要选择 CNN 架构。Caffe 附带有一些流行的 CNN 模型，例如 Alexnet 和 GoogleNet 等。决定 CNN 架构后，需要在 prototxt-train_val 文件中定义模型结构及其参数。

④求解器定义。求解器负责模型优化。在. prototxt 文件中定义求解器的参数。可以在 deeplearning-cats-dogs-tutorial/caffe_models/caffe_model_1/名称下找到求解器 solver_1. prototxt。

该求解器每隔 1 000 次迭代使用验证集计算模型的准确性。优化过程最多将运行 40 000 次迭代，并且每 5 000 次迭代将对训练后的模型进行快照。

base_lr, lr_policy, gamma, momentum 和 weight_decay 等参数需要调整，以获得模型很好的收敛超参数。

⑤模型训练。定义模型和求解器后，可以通过执行以下命令开始训练模型：

/ home / ubuntu / caffe / build / tools / caffe train --solver /home/ubuntu/ deeplearning-cats-dogs-tutorial/caffe_models/caffe_model_1/solver_1. prototxt 2 >&1 | 发球台/home/ubuntu/deeplearning-cats-dogs-tutorial/caffe_models/caffe_model_1/model_1_train. log

训练日志将存储在下 deeplearning-cats-dogs-tutorial/caffe_models/caffe_model_1/model_1_train. log。

在训练过程中，需要监控损失和模型准确性。Caffe 每隔 5 000 次迭代都会对经过训练的模型进行快照，并将其存储在 caffe_model_1 文件夹中。

通过从终端执行一个 Caffe 命令来训练模型。训练模型后，可以在扩展名为. caffemodel 的文件中获得训练后的模型。

⑥绘制学习曲线。在训练阶段之后，可以使用. caffemodel 训练后的模型

对新的数据进行预测。

学习曲线是训练和测试损失与迭代次数的函数图。这些图对于可视化训练/验证损失和验证准确性非常有用。

4）LeNet-5 模型的卷积神经网络

LeNet-5 是一种经典的卷积神经网络结构。LeNet-5 诞生于 1994 年,是最早的深层卷积神经网络之一,开创了现代卷积神经网络的研究,推动了深度学习的发展。最初被用于手写数字识别,当年美国大多数银行就是用它来识别支票上面的手写数字的,它是早期卷积神经网络中最有代表性的实验系统之一。LeNet-5 卷积神经网络的结构如图 14.4 所示。

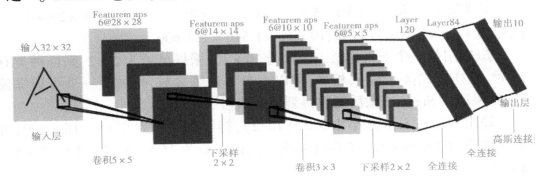

图 14.4　LeNet-5 卷积神经网络的结构

不包含输入,LeNet-5 共有 7 层,即由 2 个卷积层、2 个下抽样层(池化层)、3 个全连接层组成。每层都包含可训练参数,每个层有多个 feature map,每个 feature map 通过一种卷积滤波器提取输入的一种特征,然后每个 feature map 有多个神经元。其中:

①INPUT 为输入层。输入 32×32 格式大小的图片。

②C1 层是一个卷积层。输入图片大小为 32×32,卷积核大小为 5×5,卷积核种类为 6 个,输出 feature map 大小为 $28 \times 28(32 - 5 + 1)$,神经元数量为 $28 \times 28 \times 6$。

可训练参数为:$(5 \times 5 + 1) \times 6$(每个滤波器 $5 \times 5 = 25$ 个 unit 参数和一个 bias 参数,一共 6 个滤波器),连接数为 $(5 \times 5 + 1) \times 6 \times 28 \times 28$。

③S2 层是一个下采样层。输入区域为 28×28,采样区域为 2×2,即以 2×2 为单位进行下采样,采样种类为 6 种,采样方式如下:4 个输入相加,乘以一个可训练参数,再加上一个可训练偏置,结果通过 Sigmoid 激活函数得到特征映射图。

神经元数量为 $14 \times 14 \times 6$,可训练参数为 2×6(和的权 + 偏置),连接数

有$(2 \times 2 + 1) \times 6 \times 14 \times 14$。输出特征图 feature map 的大小为 14×14（28/2）。S2 中每个特征图的大小是 C1 中特征图大小的 1/4。

④C3 层也是一个卷积层。输入为 S2 中所有 6 个或者几个特征 map 组合，卷积核大小为 5×5，卷积核种类为 16 个，输出特征图 feature map 的大小为 10×10。

C3 中的每个特征 map 是连接到 S2 中的所有 6 个或者几个特征 map 的，表示本层的特征 map 是上一层提取到的特征 map 的不同组合。

存在的一个方式：C3 的前 6 个特征图以 S2 中 3 个相邻的特征图子集为输入。接下来 6 个特征图以 S2 中 4 个相邻特征图子集为输入。然后的 3 个以不相邻的 4 个特征图子集为输入。最后一个将 S2 中所有特征图为输入。

可训练参数为：$6 \times (3 \times 25 + 1) + 6 \times (4 \times 25 + 1) + 3 \times (4 \times 25 + 1) + (25 \times 6 + 1) = 1\,516$，连接数：$10 \times 10 \times 1\,516 = 151\,600$。

⑤S4 层是一个下采样层。输入为 10×10，采样区域为 2×2，采样种类有 16 种，采样方式：4 个输入相加，乘以一个可训练参数，再加上一个可训练偏置，结果通过 Sigmoid 激活函数得到特征映射图。

输出 feature map 大小为 5×5（10/2），神经元数量为 $5 \times 5 \times 16 = 400$，可训练参数为 $2 \times 16 = 32$（和的权 + 偏置），连接数为 $16 \times (2 \times 2 + 1) \times 5 \times 5 = 2\,000$。

S4 中每个特征图的大小是 C3 中特征图大小的 1/4。

⑥C5 层是一个卷积层。输入为 S4 层的全部 16 个单元特征 map（与 S4 全相连），卷积核大小为 5×5，卷积核种类为 120，输出 feature map 大小为 $1 \times 1 \times (5 - 5 + 1)$，可训练参数/连接数为 $120 \times (16 \times 5 \times 5 + 1) = 48\,120$。

⑦F6 层全连接层。输入为 C5 120 维向量，计算方式：计算输入向量和权重向量之间的点积，再加上一个偏置，结果通过 Sigmoid 函数生成，可训练参数为 $84 \times (120 + 1) = 10\,164$。

（4）设计与实践

AIE 控制板固化了 Caffe Python 库，包含 LeNet-5、Smile Net 等模型及开发接口，可以实现手写体数字识别功能。LeNet-5 是用于手写体字符识别卷积神经网络，图 14.5 是模型的结构和应用情况。

1) 摄像头捕捉图像

手写体数字自动识别应用中,摄像头需要设置为灰度图模式,视频采集的分辨率可以设为 320×240 像素的 QVGA 格式,也可以根据情况设置为 160×80 的 HQQVGA 格式。相关的 Python 代码示例如下:

```
import sensor
sensor. reset( )                                  # 初始化摄像头;
sensor. set_contrast(3)
sensor. set_pixformat( sensor. GRAYSCALE)          # 设置像素格式为 GRAYSCALE;
sensor. set_framesize( sensor. QVGA)               # 设置摄像头分辨率为 QVGA
                                                   # (320×240);
sensor. set_windowing( (128, 128))                 # 设置窗口大小为 128×128;
sensor. skip_frames( time = 100)
sensor. set_auto_gain( False)
sensor. set_auto_exposure( False)
```

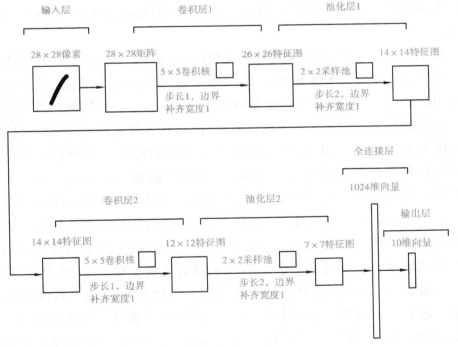

图 14.5 应用于手写识别的 LeNet-5 模型

2）神经网络类的构造方法

板上 Python 库中的 class nn. load（path）是构造函数，用来构造一个神经网络 Net 类。它将神经网络从 . network 二进制模型文件加载到内存中，包括神经网络的层、权值、偏置等。返回一个可以在图像上进行操作的 Net 对象。

net. forward（image[, roi[, softmax = False[, dry_run = False]]]）方法用于在图像 roi 上运行神经网络，必要时会自动缩放，并返回神经网络分类结果的浮点值列表。

其中，roi 是待处理区域的矩形元组（x,y,w,h），仅运算 roi 中的像素。如果未指定，则它等于图像矩形。如果 softmax 为 True，则列表中所有的输出总和为 1。否则，列表中的任何输出都可以在 0 和 1 之间。将 dry_run 设置为 True 以打印出正在执行的网络层而不是实际执行它们。

net. search（image[, roi[, threshold = 0.6[, min_scale = 1.0[, scale_mul = 0.5[, x_overlap = 0[, y_overlap = 0[, contrast_threshold = 1[, softmax = False]]]]]]]]]）方法用来以滑动窗口方式在图像 roi 上运行神经网络。网络检测器窗口以多种比例滑过图像。返回神经网络检测结果的 nn_class 对象列表。

其中，roi 是待处理区域的矩形元组（x,y,w,h），仅运算 roi 中的像素。如果未指定，则它等于图像矩形。在图像中的区域上运行之后，将最大检测值超过 threshold 的对象添加到输出列表中。min_scale 控制网络模型的缩放比例。在默认值下，网络不会缩放。但是，值为 0.5 将允许用于检测图像大小为 50% 的对象。scale_mul 控制测试多少个不同的比例。滑动窗口方法的工作原理是将默认比例 1 乘以 scale_mul，并且结果需要大于 min_scale。scale_mul 的默认值 0.5，测试每个比例变化减少 50%。但是，0.95 的值仅为 5% 的缩小量。x_overlap 控制与滑动窗口的下一个检测区域重叠的百分比。值为零表示没有重叠。值为 0.95 意味着 95% 重叠。y_overlap 控制与滑动窗口的下一个检测区域重叠的百分比。值为零表示没有重叠。值为 0.95 意味着 95% 重叠。contrast_threshold 控制跳过图像低对比度区域的阈值。在图像中的某个区域上运行 nn 之前，将在该区域上计算标准偏差，如果标准偏差低于 contrast_threshold，则跳过该区域。如果 softmax 为 True，则列表中所有的输出总和为 1。否则，列表中的任何输出都可以在 0 和 1 之间。

3）手写数字 LeNet-5 模型加载及识别

利用 nn. load 方法可以加载 LeNet-5 模型参数,利用 net. forward 方法就可以实现搜索。进行手写数字识别的核心 Python 代码如下:

```
import sensor, image, time, os, nn
# Load lenet network
net = nn. load('/lenet. network')
labels = ['0', '1', '2', '3', '4', '5', '6', '7', '8', '9']


    out = net. forward(img. copy(). binary([(150, 255)], invert = True))
    max_idx = out. index(max(out))#指数
    score = int(out[max_idx] * 100)
```

4）系统编程及实现

集成以上 3 阶段的程序过程设计,编写出完整的手写体数字 Python 程序,写入到机器视觉开源控制板中,在运行程序的过程中解决可能存在的编程错误。

```
# LeNet 数字识别例程
import sensor, image, time, os, nn
sensor. reset()
sensor. set_contrast(3)
sensor. set_pixformat(sensor. GRAYSCALE)  #设置像素格式为 GRAYSCALE;
sensor. set_framesize(sensor. HQQVGA)     #设置分辨率为 HQQVGA 格式;
sensor. set_windowing((80, 80))           #设置窗口大小为 80×80;
sensor. skip_frames(time = 100)
sensor. set_auto_gain(False)
sensor. set_auto_exposure(False)


net = nn. load('/lenet. network')          #加载 lenet 神经网络
labels = ['0', '1', '2', '3', '4', '5', '6', '7', '8', '9']
clock = time. clock()
while(True):
    clock. tick()
```

img = sensor. snapshot( )

#在 roi 上运行神经网络并返回结果

out = net. forward(img. copy( ). binary([(150, 255)], invert = True))

max_idx = out. index(max(out))   #返回最大值的索引

score = int(out[max_idx] * 100)

if (score < 70):

　　score_str = " ??:??% "

else：

　　score_str = " Number:% s \nScore:% d% % " % (labels[max_idx], score)#显示数字及其概率

img. draw_string(0, 0, score_str, color = (0,0,0), scale = 1. 1)#在图像 (0,0)位置显示 score_str 中的信息

print(clock. fps( ))

　　程序正确运行的情况如图 14.6(a)所示,右上区域显示出了摄像头捕捉到的视频图像,其中叠加显示了实时检测出的手写数字及得分情况。图 14.6(b)是识别出全部手写数字的情况。

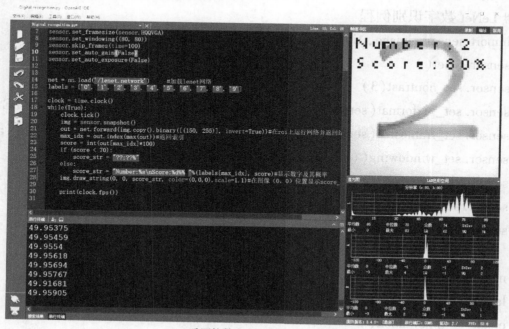

(a)手写体数字识别程序的运行界面

（b）识别出的全部手写数字

图 14.6　手写体数字识别程序的运行情况

（5）调试、验证及完善

完成手写体数字识别 Python 程序的编写后，上传到 AIE 控制板。运行程序时，如果提示有语法错误，需要逐一进行修改。程序运行过程中，参考以下经验对遇到的问题进行改进：

①如果视频显示区显示出摄像头捕捉的视频帧图像很不清晰，继续进行手写体数字识别将没有意义，这时需要检查摄像头工作参数的设置是否正确，或者利用板上 LED 进行补光。

②如果视频显示正常，但没有检测出手写数字，这时需要检测 nn.load 模型加载、net.forward 搜索等函数中各种工作参数设置是否合适。如果是识别过程中得分偏低或偏高，则需要检查程序换算部分是否有误。

③程序运行起来后，可先调低 score 得分判断的阈值，充分观察各种手写数字的识别得分情况，再设置 score 的合理阈值，得出有效的识别结果。

（6）展示与思考

①LeNet-5 模型的训练方法，如何应用在手写字符的识别应用中？请提出你的实施方案，包括字符模型的训练过程。

②计算机视觉开源库中通过人脸、人眼甚至狗脸、猫脸的 Haar Cascade 建

模方法进行检测工作,请与 LeNet-5 等卷积神经网络方法做全面比较,分析在嵌入式系统中各自的特点。

③LeNet-5 模型结构适合应用于交通标识、特定符号的识别吗？请思考,收集相关文献,给出实现方案。

④CNN 手写体、图标识别技术如何进一步应用到社会生活中,你有什么创意？可以设计出哪种智能应用系统？对你的新创意进行设计和编程实践。

(7) 综合拓展实践任务

1) MNIST 数据集准备

本次项目实践将运用人工智能开源硬件和板上 OpenAIE 库中相关算法设计一个基于 CNN 的手写体数字识别系统,实现对手写体数字 0 ~ 9 的识别。实践中需要使用到由 MNIST 数据集训练出来的模型参数。

MNIST 数据集是 28 × 28 像素的灰度手写数字图片,其中数字从 0 ~ 9。利用卷积神经网络将 MNIST 数据集的 28 × 28 像素的灰度手写数字图片识别为相应的数字。MNIST 数据集可以通过网络获取,具体文档说明见表 14.1。

表 14.1　MNIST 数据集文件说明

文　件	内　容
train-images-idx3-ubyte. gz	训练集图片,55 000 张训练图片, 5 000 张验证图片
train-labels-idx1-ubyte. gz	训练集图片对应的数字标签
t10k-images-idx3-ubyte. gz	测试集图片,10 000 张图片
t10k-labels-idx1-ubyte. gz	测试集图片对应的数字标签

2) LeNet-5 参数训练

利用 MNIST 数据集可以训练出卷积神经网络 LeNet-5 模型参数,用来识别手写体数字。输入为 MNIST 数据集中 8 bit 灰度 32 × 32 像素的图像,输出成 10 个节点,分别表示图像为 0 ~ 9 十个数字的概率。

①卷积特征图 C1 层。C1 层上的红点,是由输入层(INPUT)红色框(5 × 5 个像素)乘上 5 × 5 的卷积核加总后而得,依序由输入影像的左至右、上至下共享一个卷积核进行卷积,一次移动一个像素(stride = 1),如此即可产生一张

特征图,而 C1 层共享了 6 组卷积核,因此产生 6 张 28×28 像素的特征图。再将影像进行池化,较常见的方式就是把相邻四点中最大的点当成新点,称为 Max Pooling,同时把影像长宽都减为一半,成为 S2 层。

　　②对 S2 层以 16 组 3×3 卷积核进行卷积,产生 C3 层,共有 16 组 10×10 像素的特征图。同样地再对 C3 层进行池化产生 S4 层,变成 16 组 5×5 像素的特征图,最后再以 16 组 5×5 卷积核把 S4 层的 16 个特征图卷积变成 16 个输入点,再以传统全链接神经网络进行链接。C5 层就是以 16 个输入点和隐藏层 120 点进行全连接,并依指定的激活函数将输出传到下一层,接下来再和下一组隐藏层 F6 的 84 点进行全连接,最后再和输出层(OUTPUT)的 10 个输出点进行全连接,并正规化输出得到各输出的概率,即完成整个 LeNet-5 模型(网络)结构。

项目15 语音识别技术与
Python编程

图 15.1　语音识别与交互技术的智能玩具

　　语音识别发展到现在,已经改变了人们生活的很多方面,从语音打字机、数据库检索到特定的环境所需的语音命令,给人们的生活带来了很多方便。语音识别人机交互技术是典型的人工智能方法,在智能家居、智能驾驶、智能手机中都有成熟的应用。图 15.1 是一款应用了语音识别与交互技术的智能玩具,可以听懂人的指令和短语,完成应答和肢体运动,还开放编程接口让青少年学生自行设计出有趣的互动功能。智能玩具产业正在经历一场应用人工智能技术的科技革命,市场上出现了大批可以讲故事、唱歌曲、说英语的益智玩具,通过语音识别人机交互技术,大幅提升了玩具的互动性、教育性、智能性和娱乐性,满足了知识学习、娱乐、科学探究、智力开发等多重需求。

　　①了解语音识别的基本原理、相关算法和应用框架;
　　②了解运用人工智能开源硬件设计语音识别应用系统的方法;
　　③运用人工智能开源硬件和 Python 编程库,编写和调试初步的语音识别应用 Python 程序;
　　④掌握利用 OpenAIE IDE 编程工具编写、上传、运行、完善 Python 语音识别程序的方法。

（3）知识准备

1）语音识别的概念

与机器进行语音交流，让机器明白人类在说什么，这是人们长期以来一直在探索和希望解决的事情。语音识别技术可以比作为"机器的听觉系统"，就是让机器通过识别和理解过程把语音信号转变为相应的文本或命令的方法。语音识别技术主要包括语音特征提取、模式识别及声学模型训练技术3个方面。

2）语音识别技术的发展历史

语音识别的研究工作开始于20世纪50年代，当时AT&T Bell实验室实现了第一个可识别10个英文数字的语音识别系统——Audry系统。

20世纪60年代，计算机的应用推动了语音识别的发展。其中，动态规划（DP）和线性预测分析技术（LP）等技术的提出和运用，对语音识别的发展产生了深远影响。

20世纪70年代，LP技术得到进一步发展，动态时间归正技术（DTW）基本成熟。特别是矢量量化（VQ）和隐马尔可夫模型（HMM）理论在实践上的运用，初步实现了基于线性预测倒谱和DTW技术的特定人孤立语音识别系统。

20世纪80年代，随着HMM模型和人工神经元网络（ANN）等技术在语音识别中的成功应用，人们终于在实验室突破了大词汇量、连续语音和非特定人这3大语音识别障碍。卡内基梅隆大学的李开复最终实现了第一个基于隐马尔科夫模型的大词汇量语音识别系统Sphinx，它是第一个高性能的非特定人、大词汇量连续语音识别系统。在声学识别层面，以多个说话人发音的大规模语音数据为基础，通过对连续语音中上下文发音变体的HMM建模（图15.2），语音音素识别率有了长足的进步；在语言学层次，以大规模语料库为基础，通过统计2个邻词或3个邻词之间的相关性，可以有效地区分同音词和由于识别带来的近音词的模糊性。另外再结合高效、快捷的搜索算法，就可以实现实时的连续语音识别系统。

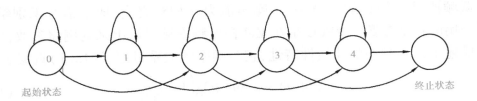

图15.2 应用于语音识别过程的隐马尔科夫模型

20世纪90年代之后,语音识别与自然语言处理相结合,发展到基于自然口语识别和理解的人机对话系统。与机器翻译技术相结合,逐步发展出面向不同语种人类之间交流的直接语音翻译技术。

3) 语音信号的短时特性

语音信号的特征是随时间变化的,具有短时性,在5~50 ms的一段时间间隔中,保持相对稳定一致的特性。语音信号的分析和处理都是建立在"短时"的基础上,按5~50 ms分成语音帧进行处理,重要的计算参数有短时能量、短时过零率、短时自相关函数、短时频谱等。

语音信号的最基本组成单位是音素,它分为浊音、清音和无音3类。浊音帧的短时能量值较大而短时过零率较小,波形上具有周期性,在频谱上有共振峰结构。清音帧短时能量值较小而短时过零率很大,没有周期性和共振峰特性,类似于白噪声。无音帧的短时能量值和短时过零率值都很小,利用这一特征可以快速判断说话语音的起点。

4) 语音识别应用中的语音特征参数选取

在语音识别应用中,除了利用语音的短时特性外,还要利用语音在频谱上的丰富信息,如线性预测系数、倒谱特征等。根据人耳听觉机理的研究成果,人耳对不同频率的声波有不同的听觉敏感度,对200 Hz到5 000 Hz之间的语音信号非常敏感。两个响度不等的声音作用于人耳时,则响度较高的频率成分的存在会影响到对响度较低的频率成分的感受,使其变得不易察觉,这种现象称为掩蔽效应。由于频率较低的声音在内耳蜗基底膜上行波传递的距离大于频率较高的声音,故一般来说,低音容易掩蔽高音,而高音掩蔽低音较困难。在低频处的声音掩蔽的临界带宽较高频要小。所以,人们从低频到高频这一段频带内按临界带宽的大小由密到疏安排一组带通滤波器,对输入信号进行滤波。将每个带通滤波器输出的信号能量作为信号的基本特征,对此特征经过进一步处理后就可以作为语音的输入特征。

梅尔倒谱(MFCC)就是符合上述人耳声道模型和听觉机理的特征参数,

在低频段具有较高的分辨率,抗噪声能力又相对突出,成了语音识别领域广泛采用的特征参数。MFCC 是在 Mel 标度频率域提取出来的倒谱参数,Mel 标度描述了人耳频率的非线性特性,它与频率的关系可用式(15.1)近似表示:

$$\text{Mel}(f) = 2\,595 \times \lg\left(1 + \frac{f}{700}\right) \tag{15.1}$$

MFCC 特征参数的提取过程如图 15.3 所示。

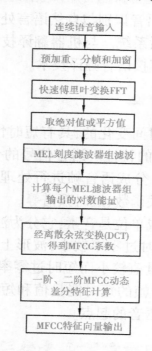

图 15.3　MFCC 特征参数提取的基本过程

由图 15.3 可知,MFCC 特征参数向量的构成一般是:N 维 MFCC 参数($N/3$ MFCC 系数 + $N/3$ 一阶差分参数 + $N/3$ 二阶差分参数) + 帧能量。在 Sphinx、HTK 等经典语音识别应用系统中,都是使用 39 维的 MFCC 参数。

5) HMM 语音识别技术

自动语音识别(Automatic Speech Recognition,ASR)的最重大突破是隐马尔科夫模型 Hidden Markov Model 的应用。目前,主流的大词汇量语音识别系统多采用统计模式识别技术。典型的基于统计模式识别方法的语音识别系统由以下几个基本模块所构成:

①信号处理及特征提取模块。该模块的主要任务是从输入信号中提取特征,供声学模型处理。同时,它一般也包括了一些信号处理技术,以尽可能降低环境噪声、信道、说话人等因素对特征造成的影响。

②统计声学模型。典型系统多采用基于一阶隐马尔科夫模型进行建模。发音词典包含系统所能处理的词汇集及其发音,实际提供了声学模型建模单元与语言模型建模单元间的映射。

③语言模型。语言模型对系统所针对的语言进行建模。理论上,包括正则语言,上下文无关文法在内的各种语言模型都可以作为语言模型,但目前各种系统普遍采用的还是基于统计的 N 元文法及其变体。

④解码器。解码器是语音识别系统的核心之一,其任务是对输入的信号,根据声学、语言模型及词典,寻找能够以最大概率输出该信号的词串。

1) 人工智能开源硬件语音识别处理模块

AIE 控制板上固化有 OpenAIE Python 开发库,除了计算机视觉 CV 库、板上器件及接口 pyb 库外,还有连续非特定人语音识别 ASR 库(图 15.4)。该 ASR 库基于板上集成的语音识别处理器的特性进行设计,提供一个与语音识别相关的 asr 对象给外部 Python 程序调用。

按键

ASR处理器

拾音器

图 15.4 人工智能开源硬件 OpenAIE 中的语音识别模块

语音识别处理器基于 ASR 技术,具有降噪、端点检测、语音识别等功能,可以使用户脱离键盘、鼠标、触摸屏等传统人机交互方式,采用自然语言交互的方式,应用系统的操作变得更简单、快速和自然。

语音识别处理器内置有高精度的 A/D 和 D/A 通道,设计时直接把拾音器连接在处理器芯片的 AD 引脚上,不需要外接 AD 芯片,不需要外接辅助的 Flash 和 RAM,就能完成说话语音的实时采集。

语音识别处理器内含有事先训练好的声学模型参数库,由大批量非特定人普通话连续语音语料训练而成,支持 ASR 连续语音识别,应用时不需要再进行任何录音训练。

　　语音识别处理器允许用户定义一张识别关键词语列表,应用中还可以动态编辑和维护这张识别关键词语列表。只需要把关键词语以字符串的形式传送给芯片,即可以在下次识别过程中生效。每个关键词语可以是单字、词组、短句或者任何的中文发音的组合。板上语音识别处理器目前支持用户自由编辑50条关键词词条,即在同一时刻,最多在50条关键词语中进行识别。编程设计时可以根据工作场景的需要,动态编辑和更新这50条关键词语的内容。

　　语音识别处理器有两种用户使用模式,即触发识别模式和循环识别模式。应用时可以通过编程,设置两种不同的用户使用模式。

　　①触发识别模式。语音识别处理器在接收到外界一个触发信号后,比如利用板上的按键,启动一个定时识别过程。要求用户在这个定时过程中说出要识别的语音关键词语。这个过程结束后,需要用户再次触发才能再次启动一个识别过程。

　　②循环识别模式。语音识别处理器启动连续的识别过程。处理器具有端点检测功能,它根据短时能量、过零率等参数判断是否有说话语音发生。如果没有采集到语音就没有识别结果,如果有检测到说话语音,就启动识别流程,给出识别结果。

2) 语音识别 Python 类的设计及使用

　　语音识别 ASR Python 库基于板上集成的语音识别处理器的特性进行设计,采用 Python 语言进行编写,主要设计和封装了一个 asr 类给外部 Python 程序引用。该 asr 类主要提供设置工作场景命令词 add_cmd( )、启动识别过程 run( )、获取识别结果 get_res( )等方法供应用程序使用。人工智能开源硬件 Python 库中语音识别类的主要属性与接口函数定义见表 15.1。

表 15.1　人工智能开源硬件 Python 库中语音识别类的主要属性与接口函数定义

序号	名　称	接口定义	参数说明	编程说明
1	命令关键词编码	read_num	语音类的全局属性参数	初始值为0,有识别结果时存放的是当前命令关键词编码
2	复位芯片	reset(self)		复位过程需要给出一个完整的复位电平,还要等待芯片状态稳定,建议编程时等待 500 ms

续表

序号	名　称	接口定义	参数说明	编程说明
3	写寄存器	write_reg(self, reg, dat)	reg:寄存器名; dat:待写入寄存器的数据	
4	读寄存器	read_reg(self, reg)	reg:寄存器名; 返回所读寄存器的值	
5	芯片状态查询	check_asr_busy_flag_b2(self)	返回芯片忙碌状态	
6	语音识别初始化	asr_init(self)		包括语音识别处理器芯片的软复位、初始化、ASR工作模式设置及启动等,建议编程时等待50 ms
7	添加识别关键词	add_cmd(self, cmd_str, cmd_num)	cmd_str:命令关键词列表; cmd_num:命令关键词的编号	限制命令关键词字符串的长度为20个字符。执行一次增加一条命令关键词
8	开始语音识别	run(self)		包括选择麦克风、噪声处理、语音端点检测等过程。如果处理器没在空闲状态则返回,从0启动语音识别,成功则返回1
9	语音中断服务函数	asr_int_service(self, x)		当有语音识别发生时触发此中断服务。如果有正确的识别结果则把识别到的关键词编码赋值给全局参数read_num
10	获取识别结果	get_res(self)		返回命令关键词的编号

3）ASR 语音识别类的 Python 调用方法

利用表 15.1 所示的 asr 语音识别类可以设计实际的语音识别应用程序，主要步骤如下：

①导入 asr 类模块。利用 from-import 语句将 Python 库中的语音识别类导入应用程序中。Python 解释器执行到 import 语句，就会根据 from 结构指示的位置找到指定的模块，并加载它，导入方法如下：

```
from opeanie import asr    # 创建语音识别实例
```

②创建语音识别对象实例。面向对象的程序设计是 Python 程序的基本设计方法。通过类创建其实例对象有助于实现程序代码的复用，提高编程的效率。可以创建语音识别对象如下：

```
ASR = asr()    #导入语音识别类模块
```

③初始化语音识别对象。应用程序中可根据需要对语音识别处理器芯片进行软复位，重新初始化及设置工作模式，重新启动语音识别过程。初始化方法如下：

```
ASR . asr_init()        #初始化语音识别对象
time. sleep(50)         #延时等待 50 ms；
```

④设置工作场景，添加关键词识别列表。语音识别应用中，一般需要设置一批适合当前工作场景的关键词。利用语音识别对象的 add_cmd（cmd_str, cmd_num）方法可以逐一添加关键词及其编号，具体方法示例如下：

```
asr. add_cmd("hong", 1)          # 添加关键词"红"，编号为"1"。
asr. add_cmd("lv", 2)            # 添加关键词"绿"，编号为"2"。
asr. add_cmd("lan", 3)           # 添加关键词"蓝"，编号为"3"。
asr. add_cmd("kai deng", 4)      # 添加关键词"开灯"，编号为"4"。
asr. add_cmd("guan deng", 5)     # 添加关键词"关灯"，编号为"5"。
```

⑤启动语音识别。完成语音识别对象的初始化及设置工作场景后，就可以通过 run()方法启动语音识别过程。具体方法示例如下：

```
asr. run()    # 开始语音识别
```

⑥等待语音识别结果。由于语音识别处理器完成连续的语音识别过程需要一定的运算实践，建议在启动语音识别后延时等待一定的实践。如：

```
time. sleep(100)      #延时等待 100 ms；
```

⑦提取语音识别结果。利用 get_res()方法可以获取语音识别结果，它会返回识别到的关键词及其编号。具体方法示例如下：

```
asr. get_res()    #当语音识别有识别的结果，将返回关键词对应编号
```

4）Python 语音识别系统编程实践

①任务描述。在了解语音识别处理器的功能以及语音识别编程库的使用方法后，可以着手实现语音识别功能的编程实践。板上有一个 LED 彩灯和一个按键可以利用，通过编程实现语音交互对 LED 彩灯的点亮进行控制。具体实践任务可以描述为：

● 运用人工智能开源硬件和 Python 编程库，编写和调试初步的语音识别应用 Python 程序：编写 Python 程序，实现基本的语音识别过程，根据语音交互指令去点亮人工智能开源控制板上的 LED 灯。

● 掌握利用 OpenAIE IDE 编程工具编写、上传、运行、完善 Python 语音识别程序的方法：在 OpenAIE IDE 工具中完成代码编写，传输到人工智能开源控制板上，在运行过程中完成对代码的调试和完善。

②自定义语音识别处理函数的设计。在高级语言程序设计中，函数是一段可以重复使用的代码，用来独立地完成某个功能，它可以接收用户传递的数据，也可以不接收。接收用户数据的函数在定义时要指明参数，不接收用户数据的不需要指明。

使用函数可以提升代码的复用性，提高程序编写和维护的效率。在语音识别应用程序中可以考虑把根据语音识别结果进行处理的工作定义成一个函数，方便在主程序体中灵活调用。

函数必须先创建才可以使用，创建函数的过程也称为函数定义。函数创建后就可以使用，使用函数的过程称为函数调用。

Python 语言中函数的定义使用 def 关键字，声明函数名尾部要有冒号，不需要像 C 语言那样用花括号将语句块括起来。具体格式如下：

def 函数名（形参1，形参2）：#自定义函数

　　…

　　函数体

　　…

Python 语言中函数的调用方法是：

函数名（实参1，实参2）　　　#已定义函数的调用

AIE 控制板上设置有一个 LED 彩灯，同时固化有 pyb 编程库，封装了一个 LED 类去管理和控制板上 LED 灯的亮灭。LED 对象有 on 和 off 两种方法，分别控制 LED 的点亮和熄灭，还可以进行参数设置实现 LED 发光颜色的改变。

def asr_ledctl（sel）：　#自定义语音识别处理函数

```
...                     #省略部分代码
if sel == 4 :        #开灯指令的处理过程
        led. red. on( )
        led. green. on( )
        led. blue. on( )
elif sel ==5 :       #关灯指令的处理过程
        led. red. off( )
        led. green. off( )
        led. blue. off( )
```

③语音识别应用系统编程设计。语音识别 Python 库中提供的相关编程 API 接口有：add_cmd( )、run( )、get_res( )等。其中，add_cmd(cmd_str, cmd_num)用于添加关键词，使用(关键词，编号)序列；run( )用于启动语音识别；get_res( )用于获取识别结果，返回识别到关键词的对应编号。

完成 ASR 语音识别类导入及初始化、工作场景设置以及自定义语音识别处理函数等工作后，就可以编写实现(1)中任务的 Python 程序。完整的示例代码如下：

```
from openaie import asr,led
import pyb, time


asr. add_cmd( "hong", 1)          # 添加关键词"红"，编号为"1"。
asr. add_cmd( "lv", 2)            # 添加关键词"绿"，编号为"2"。
asr. add_cmd( "lan", 3)          # 添加关键词"蓝"，编号为"3"。
asr. add_cmd( "kai deng", 4)      # 添加关键词"开灯"，编号为"4"。
asr. add_cmd( "guan deng", 5)     # 添加关键词"关灯"，编号为"5"。
asr. run( )                       # 开始识别
# asr. get_res( )   #当语音识别有识别的结果,将返回关键词对应编号


def asr_test( sel):              #语音识别处理函数
    if sel == 1 :                #关键词"红"
        led. red. on( )
        led. green. off( )
        led. blue. off( )
    elif sel == 2 :              #关键词"绿"
        led. red. off( )
```

```
            led. green. on( )
            led. blue. off( )
        elif sel == 3 :    #关键词"蓝"
            led. red. off( )
            led. green. off( )
            led. blue. on( )
        elif sel == 4 :    #关键词"开灯"
            led. red. on( )
            led. green. on( )
            led. blue. on( )
        elif sel == 5 :    #关键词"关灯"
            led. red. off( )
            led. green. off( )
            led. blue. off( )


while True：
    asr_test( asr. get_res( ) )    #提取语音识别的结果
    time. sleep( 100 )
```

调试、验证及完善

完成以上 Python 程序的编写后,上传到 AIE 控制板。运行程序时,如果提示有语法错误,需要逐一进行修改。程序运行过程中,参考以下经验对遇到的问题进行改进:

①如果发现控制板上 LED 灯没有被正确点亮或熄灭,则先检查语音识别模块有误正确输出识别结果。可以先屏蔽 asr_test( ) 函数,直接调用 asr. get_res( ) 方法,将识别结果输出到串口监视器中,观察输出的值是否与说出的语音关键词的编码一致。通过这样的方法有助于发现一些编程错误,然后可以修改程序,重新进行系统检测、调试及性能优化过程。

②调试语音识别模块过程中,也要注意工作环境中是否存在比较大的噪声。噪声的存在会影响识别结果的准确性,严重时会导致没有识别结果出现。调试过程在安静的环境中进行,以排除干扰。

③如果控制板上 LED 灯还是没有被正确点亮或熄灭，则要检查 asr_test（）函数的编写是否有误，修改程序，重新进行系统检测、调试及性能优化过程。

④程序调式通过后，可以在此基础上优化或扩展程序，并验证程序的功能，提高编程能力，提高对语音识别方法的应用能力。

⑥ 分析与思考

①结合本次编程实践，重点体会自定义函数在 Python 应用系统中的作用，进一步了解和体验 Python 语言中函数定义程序模块的结构设计方法。如果不遵守相应规则，会是什么结果？可尝试验证一下。

②对于有其他语言编程经历的同学，请比较一下这两种语言在语法和结构上的不同。比如以自定义函数为例，C 程序模块是 dataType　functionName（）{　//body　}，编写代码时要严格遵守相关语法。与 Python 程序自定义函数的模块结构进行比较，请进一步体会 Python 的编程风格。

③在语音识别应用中，相似音容易造成识别上的混淆，这对实际应用系统工作有什么影响？如何改进你的系统设计尽量减少相似音的负面影响？

④编程把人工智能开源控制板上的 LED 灯设置成白色，观察它的亮度以及对周围环境的影响。通过观察亮灯前后摄像头采集图像在亮度上的变化，请思考：该 LED 灯可以对附近环境起补光作用吗？编程尝试一下，再做出结论。

⑤在语音识别应用中，周围环境中的噪声对语音识别将产生很大干扰。在系统设计中有没有针对性的办法？请思考，如何尽量降低噪声对语音识别效果的影响？请提出设计方案。

项目16　语音交互控制
智能相机设计
综合实践

(1) 问题的提出

　　智能手机普及后,流行用它来拍照,记录生活中的美好事物。时尚的人们还喜欢用手机自拍留下纪念,通过互联网传播分享。为提升拍照的效果,市场上出现了专供自拍用的补光灯,给处于阴暗场景的脸部补光。有些补光灯作为小配件固定装在手机上,也有补光灯发光亮度强,手持独立使用。然而,自拍过程中既要注意表情取景,又要用手触摸实现拍照,操作起来不便,照片的质量也难以保证。应用语音识别等人工智能技术有助于解决这些实际问题,通过语音交互控制拍照过程,通过光线检测、人脸检测、笑脸检测等技术有助于捕捉最美瞬间,拍出高质量的照片(图16.1)。

图 16.1　生活中的人像自拍与补光方式

(2) 任务与目标

　　①综合应用语音识别、图像处理、计算机视觉技术的原理和方法解决生活中的实际问题,设计语音交互的智能相机控制系统。
　　②应用人工智能开源硬件设计综合语音识别与计算机视觉技术的智能系统。
　　③提升 Python 编程能力,利用人工智能开源硬件和相关 Python 库算法设计语音识别、计算机视觉功能。

④巩固深化利用 Python 语言编程实现语音识别、计算机视觉应用程序以及 OpenAI IDE 编程工具编写、上传、运行、调试的方法。

⑤针对生活应用场景,进一步开展创意设计,设计具有实用价值的人机交互智能相机应用系统。

1) HMM 语音识别系统应用框架

统计方法成为语音识别技术的主流,更多地从整体平均(统计)的角度来建立最佳的语音识别系统。在声学模型方面,以隐马尔科夫链为基础的语音序列建模方法 HMM 有效地解决了语音信号短时稳定、长时时变的特性,并且能根据一些基本建模单元构造成连续语音的句子模型,达到了比较高的建模精度和建模灵活性(图 16.2)。在语言层面上,通过统计真实大规模语料的词之间同现概率即 N 元统计模型来区分识别带来的模糊音和同音词。另外,人工神经网络(ANN)方法、基于文法规则的语言处理机制等也在语音识别中得到了应用。

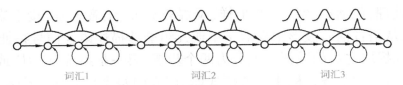

图 16.2　隐马尔科夫链与连续语音识别

一个完整的基于统计的语音识别系统可大致分为 3 部分:

①语音信号预处理与特征提取。梅尔刻度式倒频谱参数考虑了人类发声与接收声音的特性,具有更好的鲁棒性(Robustness)。

②声学模型与模式匹配。声学模型通常是将获取的语音特征使用训练算法进行训练后产生。在识别时将输入的语音特征同声学模型(模式)进行匹配与比较,得到最佳的识别结果。

③语言模型与语言处理。语言模型对中、大词汇量的语音识别系统特别重要。当分类发生错误时可以根据语言学模型、语法结构、语义学进行判断纠正,特别是一些同音字则必须通过上下文结构才能确定词义。

HMM 语音识别系统应用框架如图 16.3 所示。

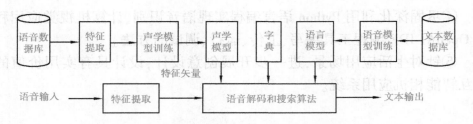

图 16.3　HMM 语音识别系统应用框架

2）语音识别应用的分类

按照使用者的限制而言,语音识别芯片可以分为特定人语音识别芯片和非特定人语音识别芯片。

特定人语音识别芯片是针对指定人的语音识别,其他人的话不识别,须先把使用者的语音参考样本存入当成比对的资料库,即特定人语音识别在使用前必须要进行语音训练,一般按照机器提示训练几遍语音词条即可使用。

非特定人语音识别是不用针对指定的人的识别技术,不分年龄、性别,只要说相同语言就可以,应用模式是在产品定型前按照确定的十几个语音交互词条,采集 200 人左右的声音样本,经过 PC 算法处理得到交互词条的语音模型和特征数据库,然后烧录到芯片上。应用这种芯片的机器(智能娃娃、电子宠物、儿童电脑)就具有交互功能了。

嵌入式语音识别系统都采用了模式匹配的原理。录入的语音信号首先经过预处理,包括语音信号的采样、反混叠滤波、语音增强,接下来是特征提取,用以从语音信号波形中提取一组或几组能够描述语音信号特征的参数。

特征提取之后的数据一般分为两个步骤:第一是系统"学习"或"训练"阶段,这一阶段的任务是构建参考模式库,词表中每个词对应一个参考模式,它由这个词重复发音多遍,再经特征提取和某种训练中得到。第二是"识别"或"测试"阶段,按照一定的准则求取待测语音特征参数和语音信息与模式库中相应模板之间的失真测度,最匹配的就是识别结果。

3）神经网络方法在语音识别中的应用

在当今的大数据时代里,对于处理大量未经标注的原始语音数据的传统机器学习算法,很多都已不再适用。深度学习模型凭借其对海量数据的强大建模能力,能够直接对未标注数据进行处理,成为当前语音识别领域的一个研究热点。在语音识别研究及应用领域,从最早期的特征参数匹配法,发展到已经商用的隐马尔可夫建模及识别方法,现在神经网络特别是深度神经网络(DNN)、卷积神经网络(CNN)方法在语音识别过程中大力应用,取得了明显效果。

2006年以前,人们尝试用神经网络的方法去训练语音数据,试图建立起深度架构。这些用浅层网络的学习训练一个深度的有监督前馈神经网络都失败了。失败的主要原因是梯度不稳定,并且监督学习数据的获取也非常昂贵,梯度下降算法对初始值的敏感也使深度网络参数难以训练。

直到2006年,研究者提出逐层贪婪无监督预训练深度网络之后,一些知名的研究团队成功地将深度学习应用到自己的语音识别系统中,相比起来使单词错误率降低了约30%,取得了语音识别领域中的突破性进展。随后,基于上下文相关的深度神经网络—隐马尔可夫模型(DNN-HMM)对大词汇量语音识别的研究取得成果,改变了语音识别系统的原有技术框架。

4)深度学习神经网络(DNN)方法在语音识别中的应用

①深度学习神经网络(DNN)对语音数据的训练。基于DNN方法去训练深度学习神经网络语音识别系统架构的过程分为以下两步:

第一步,从底往上的非监督学习,就是用无标签数据进行每一层的预训练(Pre-training),而每一层的训练结果作为其高一层的输入,这是与传统神经网络相比最大的区别,这个过程可看作是特征学习(Feature Learning)的过程。

第二步,从顶向下的监督学习,就是用有标签的数据调整所有层的权值和阈值,按照误差反向传播算法(Back Propagation,BP)自顶向下传输,对网络进行微调(Tune-fining)。

由于深度学习的第一步不是跟传统神经网络一样去随机初始化,而是通过学习数据的结构得到,所以这个初值更接近全局最优,进而取得更好的结果。因此相比单纯使用BP算法,深度学习算法效果好,要归功于第一步的特征学习。

②利用深度学习进行语音特征提取。在已经商用的HMM隐马尔可夫语音识别系统中,使用高维的Mel倒谱系数(MFCC)作为特征向量,使用隐马尔可夫模型(HMM)或改进的高斯—隐马尔可夫混合模型(GMM-HMM)作为声学模型,用最大似然准则(Maximum Likelihood,ML)和期望最大化算法来训练这些模型。利用MFCC等语音特征提取算法提取的特征只对单帧信号作用,不能很好地涵盖有效语音信息,也易受噪声污染。对于语音的特征学习和语音识别而言,这个目标可以归纳为对原始频谱特征的使用或是对波形特征的使用。

过去30年以来,虽然对语音频谱进行变换丢失了原始语音数据的部分信息,但是非自适应的余弦变换近似地去除了特征成分之间的相关性,使得 MF-CC 特征被广泛应用,促进了 GMM-HMM 系统识别率的显著提升。由于语音形成过程中往往伴随着"协同发音"现象,即当前语音会受到临近音的影响,考虑深度学习模型具备强大的数据建模能力,能够挖掘这种丰富语言现象的内涵信息,因而可以考虑将相邻的连续多帧短时特征拼接起来得到长时特征,构成网络的原始输入。

深度自动编码器是一种深度学习神经网络,其输入和输出具有相同的维度。由于它以在输出层重构出原始输入作为目标,不需要额外的监督信息,因而可以直接从海量未标注原始数据中自动学习数据特征。有研究工作将高维 MFCC 特征作为网络输入,应用深度自动编码器成功提取了新的语音特征。市级应用中,采用深度学习模型提取的新语音特征和传统 MFCC 特征相比,在识别性能上有较好的提升。基于深度自动编码器模型的语音特征提取方法如图 16.4 所示。

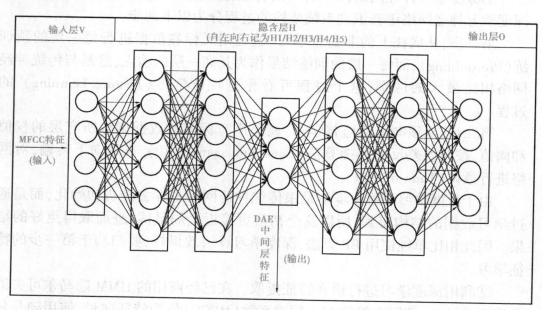

图 16.4 基于深度自动编码器模型的语音特征提取方法

③利用深度学习网络进行声学建模。语音识别领域最有挑战性的问题是声学建模,特别是多语种语音识别系统,难点和瓶颈在于缺乏足够有标注的语音数据,利用深度学习神经网络进行声学建模,有利于解决这些难题。

基于 GMM-HMM 的声学模型是目前对 HMM 输出概率进行建模的主流方法,该方法主要是基于上下文相关的浅层、扁平的 GMM 和 HMM 生成式模型,但当面对更加复杂的语音识别环境时,GMM 逐渐显示出建模能力不足的问题。实际研究工作中,使用 5 层 DNN 模型替换 GMM-HMM 系统中的混合高斯模型(GMM),并以单音素状态作为建模单元,取得了成功。尽管单音素比三音素(Triphone)的表征能力差一些,但使用单音素的 5 层 DNN-HMM 构架的方法却比已经实用的三音素 GMM-HMM 系统识别率更高,并且 DNN 对 HMM 中后验概率的估计不需要很苛刻的数据分布假设,条件更宽泛。与现有建模分类器相比,DNN 最主要的优势是加强了语音帧与帧之间的联系。

大量研究表明,将深度学习应用于提取语音特征和取代 HMM 中的 GMM 模型非常成功,并且将深度学习成功应用到语音识别当中。研究人员也在不断研究新的深度学习神经网络模型取代整个语音识别系统来构建更好的语音识别系统。

5)卷积神经网络(CNN)在语音识别中的应用

由于 CNN 在计算机视觉、图像处理中的成功应用,近两年来研究人员开始将其应用到语音识别领域。相比以上两种深层神经网络,CNN 可在保证识别率的同时,还能大大降低模型的复杂度,从而降低语音识别过程中对最开始的语音特征提取的依赖。值得注意的是,二维图像作为 CNN 的输入数据,两个维度上的特征物理意义一样,但将语音作为二维特征输入时,其物理意义不相同。文献提到,将语音的二维特征分为时域和频域两个维度,此时 CNN 中的 C 层可看作是通过滤波器对局部频域特征的观察,进而抽取局部有用信息。而 S 层是在相邻两个 feature map 的输出节点中选择最大值作为输出。之后与图像一样,最终需通过一个全连接层得到各个状态的分类后验概率来得到分类结果。2012 年,多伦多大学初步建立了 CNN 用于语音识别的模型结构,并同 DNN 训练算法相比取得了 10% 的性能提升。

CNN 通过卷积实现对语音特征局部信息的抽取,再通过聚合加强模型特征的鲁棒性。卷积神经网络由一组或多组卷积层 + 聚合层构成。一个卷积层中包含若干个不同的卷积器,这些卷积器对语音的各个局部特征进行观察。聚合层通过对卷积层的输出结点做固定窗长的聚合,减少下一层的输入结点数,从而控制模型的复杂度。一般聚合层采用最大聚合算法,即对固定窗长内的结点选取最大值进行输出。最后,通过全网络层将聚合层输出值综合起来,得到最终的分类判决结果。图 16.5 给出了卷积神经网络用于语音识别声学建模时,典型的卷积层和聚合层的结构,在标准英文连续语音识别库 TIMIT 以及汉语电话自然口语对话数据集上面进行了实验,对卷积神经网络的输入特征、卷积器尺寸和个数、计算量和模型规模等做了详细的对比实验,取得了较好的效果。

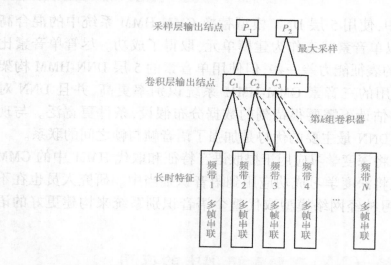

图 16.5   卷积神经网络用于语音识别声学建模时,典型的卷积层和聚合层的结构

（4）设计与实践

1）创意与总体设计

本项目实践将综合应用语音识别、图像处理、计算机视觉技术的原理和方法,利用人工智能开源硬件设计一套基于语音交互与智能控制的自拍相机原型系统。对任务进行分解,应该包括以下模块的编程设计:

①利用 Python 编程,编写语音识别程序模块,实现对说话指令的识别。

②利用 Python 编程,编写人脸检测程序模块,实现人脸检测功能,决定是否拍照。

③利用 Python 编程,编写板上 LED 控制程序,实现拍照补光功能。

④利用 Python 编程,编写提取和保存图像帧程序,将当前图像帧保存成照片。

面向实际应用,可以进一步提升系统的智能性,考虑增加笑脸检测、人脸图像亮度检测等功能的设计,实现具有实用推广价值的语音交互与智能控制的自拍相机应用系统。在此基础上完成系统的总体设计,语音交互与智能控制的自拍相机系统框图如图 16.6 所示。

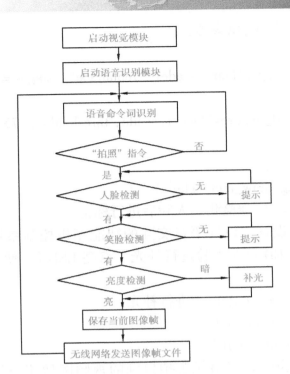

图 16.6 语音交互与智能控制的自拍相机系统框图

2）基于人工智能开源硬件的关键功能设计

AIE 控制板上固化有 OpenAIE Python 开发库,包括计算机视觉 CV 库、连续非特定人语音识别 ASR 库、板上器件及接口 pyb 库。其中,CV 库主要包括 seneor、image 等视觉计算对象。ASR 库提供与语音识别相关的 asr 对象,pyb 库包括 led、button、serial 等对象,分别与板上集成的 LED 彩灯、按键、串口对应。serial 对象提供初始化 set( )、发送 send( )、接收 receive( )等方法。asr 对象主要提供设置工作场景命令词 add_cmd( )、启动识别过程 run( )、获取识别结果 get_res( )等方法。

①语音识别过程。实现语音识别功能的基本流程:初始化→添加关键词识别列表→开始识别→等待识别结果。实现 ASR 语音识别类导入及初始化、工作场景设置以及启动语音识别过程的 Python 程序代码示例如下:

```
#语音工作场景设置
asr. add_cmd( " qie zi" , 1 )       #添加关键词"茄子",作为拍照操作命令词;
asr. add_cmd( " pai zhao" ,1 )      #添加关键词"拍照",作为拍照操作命令词;
asr. run( )                         #启动语音识别过程
```

②人脸检测。利用项目 8 中介绍的人脸检测应用方法,可以编写相关的

人脸检测 Python 代码,供参考:

```
#加载人脸检测模型
face_cascade = image.HaarCascade("frontalface", stages=25)
#进行人脸检测
objects = img.find_features(face_cascade, threshold=0.75, scale=1.35)
    a = 0
    for r in objects:
            img.draw_rectangle(r)
            a = 1    #检测到人脸后进行标记
```

③补光功能设计。设计语音交互的智能相机控制系统可以增加一个创意,利用板上的 LED 灯对人脸进行补光。点亮 LED 灯,使之发出白色光的代码如下:

```
            led.red.on()    #进行补光
            led.green.on()
            led.blue.on()
```

④拍照功能设计。将摄像头拍摄到的视频图像流,提取出其中一帧,保存图像到板上 Flash 存储中,存为一个文件,就完成了拍照功能的设计。利用 snapshot().save 方法可以实现这一概念,具体编程可以参考项目 2 里的程序设计。

3）系统编程与实现

完成摄像头参数设置及视觉模块启动、ASR 语音识别工作场景设置及启动、人脸检测、补光功能、拍照功能等模块设计后,就可以编写实现语音交互与智能控制的自拍相机系统的 Python 程序。

完整的示例代码参考如下:

```
#引入板上 Python 库模块
from openaie import *
import sensor, image, time, pyb
#摄像头设置
sensor.reset()  # Initialize the camera sensor.
sensor.set_contrast(1)
sensor.set_gainceiling(16)
sensor.set_pixformat(sensor.GRAYSCALE)    #设置 GRAYSCALE 格式
sensor.set_framesize(sensor.HQVGA)    # 设置分辨率为 HQVGA
```

```
sensor.skip_frames(time=2000)
clock = time.clock()

#加载人脸检测模型
face_cascade = image.HaarCascade("frontalface", stages=25)
print(face_cascade)

#语音工作场景设置
asr.add_cmd("qie zi", 1)          #添加关键词"茄子",作为拍照操作命令词;
asr.add_cmd("pai zhao", 1)        #添加关键词"拍照",作为拍照操作命令词;
asr.run()                         #启动语音识别过程

def asr_takephoto(sel):           #自定义一个拍照处理函数
    if sel == 1:
        #保存截取到的图片
        led.red.on()              #进行补光
        led.green.on()
        led.blue.on()
        print("照片已保存")
        time.sleep(200)
        sensor.snapshot().save("example-%d.jpg" % pyb.rng())    #保存图像帧
        #pyb.rng()返回一个硬件产生的30位随机数值
        led.red.off()
        led.green.off()
        led.blue.off()

#主循环
while True:
    clock.tick()
    img = sensor.snapshot()
    objects = img.find_features(face_cascade, threshold=0.5, scale=1.35)
```

```
a = 0#标志位,0 代表没人
for r in objects：
        img. draw_rectangle( r)
        a = 1   #标志位置1,代表有人
if a ==1 ：
    a -= 1    #标志位清空 a = a - 1( a -= 1)或者 a = 0
    led. green. on( )
    img. draw_string( 10, 10, "Face Detected", color = ( 0, 0, 0), scale
= 3, mono_space = False)
        asr_ takephoto ( asr. get_res( ))
else：
    led. green. off( )
    led. red. off( )
    led. blue. off( )
    img. draw_string( 10, 10, "No Person", color = ( 0, 0, 0), scale =
3, mono_space = False)
```

以上例程中,不断进行人脸检测,一旦检测到人脸,先绿灯提示,然后提取语音识别结果。如果发现拍照指令,就补光并保存当前帧作为照片。如果当前图像帧中没有人脸,就会显示无人,提取语音识别的结果。

（5）调试、验证及完善

完成以上 Python 程序的编写后,上传到 AIE 控制板。运行程序时,如果提示有语法错误,需要逐一进行修改。程序运行过程中,参考以下经验对遇到的问题进行改进：

①视频相关功能的调试。如果视频显示区没有显示出摄像头捕捉的视频帧图像,则要先检查控制板与计算机的连接是否松动。如果确认控制板连接正常,则需要检查 Sensor 对象里摄像头工作参数的程序设置是否准确。

②语音识别相关功能的调试。可以先屏蔽 asr_test( ) 函数,直接调用 ASR. get_res( )方法,将识别结果输出到串口监视器中,观察输出的值是否与说出的语音关键词的编码一致。通过这样的方法有助于发现一些编程错误,然后可以修改程序,重新进行系统检测、调试及性能优化过程。

③调试语音识别模块过程中,也要注意工作环境中是否存在比较大的噪声。噪声的存在会影响识别结果的准确性,严重时会导致没有识别结果出现。调试过程方在安静的环境中进行,以排除干扰。

④拍照相关功能的调试。如果发现当前的图像帧没有保存成功,先去检查板上存储空间是否满了,删除以前存储的图像文件,再运行程序。如果仍然没有保存照片,则要检查相关程序编写是否有误,修改程序,重新进行功能测试。

相关主要功能调试通过后,各阶段的运行结果如下:

• 如果摄像头没有检测到人脸,会有提示信息显示在图像帧上,如图16.7(a)所示。

• 检测到人脸之后系统会画一个矩形框,框出人脸所在区域,如图16.7(b)所示。

• 检测到人脸后,同时又识别到语音拍照指令,显示拍摄中,如图16.7(c)所示。

• 拍照成功后会显示拍照成功字样(时间很短),如图16.7(d)所示。

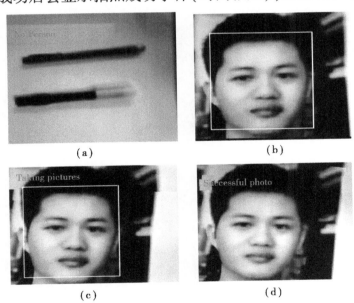

图16.7 程序各阶段的运行结果

程序调式通过后,可以在此基础上优化或扩展程序,并验证程序的功能,提高编程能力,提高对语音识别方法的应用能力。

（6）分析与思考

①OpenAIE IDE 工具中不能直接动态调试嵌入式 Python 程序，复杂些的 Python 程序有无调试方法？利用串口打印出的不同变量或状态下的输出，是否有助于程序调试？print( )是否可以用于程序调试？

②如何对检测到的人脸区域图像进行亮度分析，决定是否需要补光？

③在人脸检测的基础上，如何进行笑脸检测，保证抓拍照片的质量？

④语音识别过程中，相似音对语音识别的准确度有影响。有什么对策可以降低相似音的负面影响？设置语音识别关键词列表时，如何减少相似音的出现，提高系统的识别准确性？

参考文献

［1］ 史蒂芬·卢奇，丹尼·科佩克. 人工智能［M］. 2 版. 林赐，译. 北京：人民邮电出版社，2018.

［2］ ITpro，Nikkei Computer. 人工智能新时代：全球人工智能应用真实落地50例［M］. 杨洋，刘继红，译. 北京：电子工业出版社，2018.

［3］ 韦德泉，许桂秋. Python 编程基础与应用［M］. 北京：人民邮电出版社，2019.

［4］ 邵子扬. MicroPython 入门指南［M］. 北京：电子工业出版社，2018.

［5］ 阿敏·艾哈迈迪·泰兹坎迪. OpenCV3 和 Qt5 计算机视觉应用开发［M］. 刘冰，郭坦，译. 北京：机械工业出版社，2019.

［6］ 乔·米尼奇诺，约瑟夫·豪斯. OpenCV 3 计算机视觉：Python 语言实现［M］. 2 版. 刘波，苗贝贝，史斌，译. 北京：机械工业出版社，2016.

［7］ Jan Erik Solem. Python 计算机视觉编程［M］. 朱文涛，袁勇，译. 北京：人民邮电出版社，2014.

［8］ 赵春江. 图像局部特征检测和描述：基于 OpenCV 源码分析的算法与实现［M］. 北京：人民邮电出版社，2018.

［9］ 葛盼盼，陈强，顾一禾. 基于 Harris 角点和 SURF 特征的遥感图像匹配算法［J］. 计算机应用研究，2014，31（07）：2205-2208.

［10］ 李晶皎，赵丽红，王爱侠. 模式识别［M］. 北京：电子工业出版社，2010.

［11］ 刘志海，曾庆良，朱由锋. 条形码技术与程序设计［M］. 北京：清华大学出版社，2009.

［12］ 中国物品编码中心. QR Code 二维码技术与应用［M］. 北京：中国标准出版社，2002.

［13］ 宋万军. 基于 OpenCV 视觉库的人脸检测［D］. 长春：吉林大学，2014.

［14］ 郭磊，王秋光. Adaboost 人脸检测算法研究及 OpenCV 实现［J］. 哈尔滨理工大学学报，2009，14（05）：123-126.

［15］ Hinton G E，Osindero S，Teh Y W. A Fast Learning Algorithm For Deep Belief Nets[J]. Neural Computation,2006,18(7):1527-1554.

[16] 李彦冬,郝宗波,雷航.卷积神经网络研究综述[J].计算机应用,2016,36(9):2508-2515,2565.

[17] 史加荣,马媛媛.深度学习的研究进展与发展[J].计算机工程与应用,2018,54(10):1-10.

[18] 许可.卷积神经网络在图像识别上的应用的研究[D].杭州:浙江大学,2012.

[19] 尹宝才,王文通,王立春.深度学习研究综述[J].北京工业大学学报,2015,41(1):48-59.

[20] 乐毅,王斌.深度学习:Caffe之经典模型详解与实战[M].北京:电子工业出版社,2016.

[21] 赵永科.深度学习:21天实战Caffe[M].北京:电子工业出版社,2016.

[22] 赵婷婷,等.基于改进的Cifar-10深度学习模型的金钱豹个体识别研究[J].太原理工大学学报,2018,49(04):585-591,598.

[23] 党倩,马苗,陈昱莅.基于二级改进LeNet-5的交通标志识别算法[J].陕西师范大学学报(自然科学版),2017,43(02):24-28.

[24] 赵力.语音信号处理[M].3版.北京:机械工业出版社,2016.

[25] 俞栋,邓力.解析深度学习:语音识别实践[M].俞凯,钱彦旻,等译.北京:电子工业出版社,2016.

[26] 王山海,景新幸,杨海燕.基于深度学习神经网络的孤立词语音识别的研究[J].计算机应用研究,2015,32(8):2289-2291,2298.

[27] 欧森·奥兹卡亚,吉拉伊·伊利茨.Arduino计算机视觉编程[M].张华栋,译.北京:机械工业出版社,2016.

[28] 龙慧,朱定局,田娟.深度学习在智能机器人中的应用研究综述[J].计算机科学,2018,45(32):43-47,52.

[29] 周翠萍.基于计算思维培养的小学Scratch创客教育校本课程设计及评价[D].深圳:深圳大学,2018.